21世纪高等学校数字媒体专业规划教材

Flash CS6
动画基础与案例教程

◎ 苏炳均 李林 主 编

马彧廷 李彬 张贵红 蔡宗吟 副主编

清华大学出版社

北京

内 容 简 介

Flash 是一款集多种功能于一体的矢量图形编辑和动画制作的专业构件。本书从实用角度出发,结合精彩案例,以循序渐进的方式,由浅入深地全面介绍了 Flash CS6 的基本操作,包括:Flash CS6 基本操作、创建与编辑文档、基本概念、基础动画、文字动画、多媒体素材应用、ActionScript 2.0 编程基础、制作交互动画、综合案例等内容。

本书适合作为高等学校计算机及相关专业课程的教材或非计算机专业学生学习计算机动画的教辅,也可作为动画设计培训班的教材或参考书。

本书用到的实例源文件及相关素材文件,都可登录 http://www.tup.com.cn 下载,其他多媒体学习资源也可以通过以上链接查阅和学习。

本书封面贴有清华大学出版社防伪标签,无标签者不得销售。

版权所有,侵权必究。侵权举报电话:010-62782989　13701121933

图书在版编目(CIP)数据

Flash CS6 动画基础与案例教程/苏炳均,李林主编. —北京:清华大学出版社,2018
(21 世纪高等学校数字媒体专业规划教材)
ISBN 978-7-302-51970-6

Ⅰ. ①F… Ⅱ. ①苏… ②李… Ⅲ. ①动画制作软件-高等学校-教材 Ⅳ. ①TP391.414

中国版本图书馆 CIP 数据核字(2018)第 284100 号

责任编辑:贾　斌
封面设计:刘　键
责任校对:胡伟民
责任印制:刘海龙

出版发行:清华大学出版社
　　　　网　　　址:http://www.tup.com.cn,http://www.wqbook.com
　　　　地　　　址:北京清华大学学研大厦 A 座　　　　　　邮　　编:100084
　　　　社　总　机:010-62770175　　　　　　　　　　　　邮　　购:010-62786544
　　　　投稿与读者服务:010-62776969,c-service@tup.tsinghua.edu.cn
　　　　质量反馈:010-62772015,zhiliang@tup.tsinghua.edu.cn
　　　　课件下载:http://www.tup.com.cn,010-62795954
印　装　者:大厂回族自治县正兴印务有限公司
经　　销:全国新华书店
开　　本:185mm×260mm　　　印　　张:13.25　　　　　字　　数:330 千字
版　　次:2018 年 11 月第 1 版　　　　　　　　　　　　印　　次:2018 年 11 月第 1 次印刷
印　　数:1~1500
定　　价:39.80 元

产品编号:077973-01

　　Adobe Flash Professional CS6 是用于 Flash 动画创作和 ActionScript 开发的专业软件,它可以让您轻松地创作和编辑图形、动画、音频、视频,甚至能够创建 3D 效果和骨骼动画。它也是一个集成的程序开发环境,借助它可以轻松快速地编写出高质量的 ActionScript 程序代码,并且可以让程序和动画完美结合以创建交互式 Flash 动画,这也是 Flash 动画的特殊优势。

　　同时,Adobe Flash Professional CS6 创建软件简单易用,降低了动画的学习成本和制作成本,使越来越多的人能够投入到 Flash 动画创作中来。

　　本书包括基础篇和应用篇两篇。其中基础篇包括:

　　第 1 章走进 Flash CS6,首先从 Flash 的应用领域和动画特点进行介绍,再进一步讲解 Flash CS6 的新增功能。

　　第 2 章介绍 Flash CS6 的基本操作,为动画创作打下基础。

　　第 3 章介绍 Flash CS6 文档的基本操作。

　　第 4 章介绍 Flash CS6 的三个重要概念——元件、库、实例。

　　第 5 章介绍利用 Flash CS6 如何制作基础动画,包括:逐帧动画、形状补间动画、传统补间动画、补间动画、引导动画、遮罩动画。

　　第 6 章介绍利用 Flash CS6 如何制作文字动画。

　　第 7 章介绍如何为动画添加媒体素材。

　　第 8 章介绍 ActionScript 的基础知识。

　　第 9 章介绍如何通过 ActionScript 程序代码来创建交互式动画。

　　应用篇包括第 10 章～第 16 章,分别用具体的实战案例讲解 Flash 动画的综合设计。

　　本书具有以下特点:

　　(1) 突出应用技术,全面针对实际应用。在选材上,根据实际应用的需要,坚决舍弃现在用不上、将来也用不到的内容。在保证学科体系完整的基础上不过度强调理论的深度和难度。

　　(2) 本书在编排上,力求由浅入深,循序渐进,举一反三,突出重点,运用口语化的语言,通俗易懂,讲求效率,内容经过多次提炼和升华,突出学习规律和学习技巧,是思维化的直接体现。

　　(3) 为方便学习,我们将为选用本书的读者免费提供书中实例的源代码及相关素材。

　　本书由苏炳均、李林任主编,负责全书的统稿工作,马彧廷、李彬、张贵红、蔡宗吟任副主编,其中第 1、2 章由蔡宗吟编写,第 3 章、第 7 章由李彬编写,第 4 章、第 6 章由张贵红编写,第 5 章由马彧廷编写,第 8、9 章由苏炳均编写,第 10～16 章由李林编写。

　　由于编者水平有限,加之时间仓促,书中难免存在疏漏之处,恳请广大读者批评指正。

编　者

2018 年 2 月

目 录

基 础 篇

应　用　篇

基础篇

第1章 走进Flash CS6

Flash CS6 是用于创建动画和多媒体内容的强大的创作平台,是一款集动画制作和Web 应用程序开发于一体的优秀软件。无论是简单动画制作,还是复杂的交互式网页应用,Flash 都为人们提供了丰富的创意空间。从流媒体的在线播放到 FLV 视频制作,Flash 提供了强大的技术支持。利用 Flash 工具,人们可创造出令人叹为观止的视觉效果。

1.1　Flash 的应用领域

Flash 动画是一种矢量动画格式,具有体积小、交互性强、兼容性好、直观动感等特点,广泛应用于 Internet 上,而且在台式机、平板、智能手机和电视等多种设备中都能呈现一致效果的互动体验。其主要应用领域如下。

1. 网站动画 Banner

网站内容由文字、图片等各类元素组成,如果只有一些静态的信息,网站会显得呆板,没有活力,适当地加入动画元素是十分必要的。网站 Banner 是网页中必不可少的重要元素,起着展示网页主题、宣传产品等作用,如果使用 Flash 制作动画 Banner,将使整个网页更具感染力,能创造出更具震撼力和冲击力的视觉效果。如图 1-1 所示,展示了动画 Banner 的内容切换效果。

图 1-1　网站动画 Banner

2. Flash 小游戏

Flash 作为专业的动漫图像处理技术能制作出非常炫酷的交互式效果。玩 Flash 小游戏不需下载客户端,无须安装,文件体积小且能很快进入游戏,总体操作简单,是一种典型的即开即玩的游戏,非常方便快捷。Flash 小游戏开发成本低,技术门槛低,需要的是创意,用户能够获得良好的体验。如图 1-2 所示是一款益智的 Flash 小游戏。

图 1-2　Flash 小游戏

3. Flash 视频

FLV 是 FLASH VIDEO(视频)的简称,FLV 流媒体格式是随着 Flash MX 的推出发展而来的视频格式。由于它形成的文件极小、加载速度极快,使得能够在网络上流畅地观看视频。清晰的 FLV 视频 1 分钟在 1MB 左右,一部电影在 100MB 左右,是普通视频文件体积的 1/3,再加上 CPU 占有率低、视频质量良好等特点使其在网络上盛行。如图 1-3 所示为《蚂蚁大象》Flash MV。

图 1-3　《蚂蚁大象》视频

4. Flash 教学课件

Flash 课件能形象生动地展示教学内容,提高学生的学习兴趣,被越来越多的学校使用。其优势体现如下:

(1)图像效果清晰逼真,Flash 采用流行的矢量技术,无论放大多少倍都不会产生令人讨厌的锯齿。

（2）制作的精品课件体积较小,运行速度快。

（3）良好的跨平台性,Flash 课件对其运行环境没有特殊要求。

（4）交互性强,学生可以用键盘和鼠标跳到课件中的不同部分,并实现在表单中输入信息等操作。课件提供学习者绘画功能,也可以输入动画内容,然后将其安排在工作区内,让其按时间活动起来,也可以在其活动的时候触发一定的事件。

如图 1-4 所示为《论语》多媒体课件。

图 1-4 《论语》教学课件

5. 纯 Flash 网站

纯 Flash 网站添加了很多动漫效果,实现了创意与艺术的完美结合,在视觉上带给人们酷炫的感观享受,备受人们的青睐。其具有的 3D 效果能对产品进行全方位展示,突显高端大气的优雅环境,使用户更有兴趣和精力关注网站。纯 Flash 网站一般应用于化妆、衣服、摄影、房地产、设计等领域,如图 1-5 所示为摄影网站。

图 1-5 Flash 摄影网站

1.2 Flash 动画的特点

Flash 可以将音乐、声效和富有新意的界面融合在一起，能制作出高品质的动画效果。Flash 动画所具有的优势，可以更好地满足观赏者的需要。它可以让观赏者的动作成为动画的一部分，通过单击、选择等动作，决定动画的运行过程和结果。

1.2.1 技术特点

Flash 动画是利用人的视觉暂留的生理现象和动感视错觉的心理现象，将 Flash 技术与艺术相结合，以时间轴上帧的序列顺序，在同一视窗中快速更换逐帧画面，而使该视窗中的对象产生运动视觉效果的艺术作品。帧是 Flash 动画最基本的单位。

Flash 动画的基础是关键帧，在关键帧之间是依靠变形和位移等技术自动形成过渡帧来补充动画，它的排列是以时间轴为基础的，在动画制作中还可以对各种事件进行反应，制作出交互式动画。其技术特点如下：

1. 安装方便、使用便捷

Flash 的文件很小，很容易下载并安装，而且在 IE 和 Netscape、communicator 中可以自动安装运行；只要安装具有 Shockware Flash 插件的浏览器，即可观看 Flash，并且它的通用性好，在各种浏览器中都表现出统一的样式，而在没有安装插件的系统里，Flash 可以使用 Java 来运行。

2. 动画文件体积小

Flash 编辑的对象主要是矢量图形，它只需用少量的矢量数据便可以描述相当复杂的对象，因而大大减少了文件的数据量，其网络的传输速度也大大提高。另外，Flash 编辑的矢量图形可以做到无限放大，而且放大时，不会出现质量降低的问题。而 3dMax、Maya 等动画软件编辑的多是点阵图形，生成的文件数据就很大，不利于网络传输，点阵图形的图像清晰度取决于图像分辨率，过度放大会呈现明显的马赛克效果。

3. Flash 动画是一种流媒体动画

在互联网上欣赏 Flash 动画作品时，可以不必等到影片全部下载到本地盘后再观看，而是即开即看，哪怕后面的内容还没有下载完全，我们也可以开始观看。

4. Flash 动画的技术门槛低

Flash 软件提供了两种基本动画制作方法：逐帧动画和补间动画。通过关键帧和补间技术，简化了动画的创作过程。这一点和其他软件比较，没有了 3dMax 的繁杂操作，却有非常强烈的动画效果；比 Gif 动画复杂些，却有着它无法比拟的动画效果。Flash 降低了动画艺术的制作门槛，使人人都有创作动画的可能。创作者不需要三维建模、大型设备和大笔资金，只要拥有一台电脑、Flash 软件以及真情实感，就能创作出属于自己的大片。因此，Flash 动画给予人们最宝贵的东西应该是创作门槛的降低、舞台的无限扩大！这也促成了 Flash 动画艺术的推广普及和发展。

5. 较强的交互式功能

在 Flash 动画中，每个对象都可以有自己的事件响应。设计者可以通过预先设置事件响应达到动画控制的目的。其他动画软件也可以具有交互功能，但大多需要编写复杂的程序语言,技术难度比较大,而 Flash 软件提供了非常方便的动作面板,封装了脚本语言(ActionScript 2.0 或 ActionScript 3.0),在创建交互式动画效果时,只需通过鼠标从列表中选择合适的动作,并进行简单的设定即可。由于 Flash 动画的网络特性,这种交互广泛应用于网站建设和网络游戏中,Flash 俨然成为网站制作的主要技术。

6. 能发布多种格式的电影文件

使用 Flash 不仅可以生成 Flash 格式的动画,还可以输出 SWF、AVI、MOV、WAV、GIF 等许多格式的文件。Flash 输出文件的多样性可以保证其影像素材的多样化,便于动画创作,同时也便于在网络、电视、电影和手机等媒体上的传播。

1.2.2 艺术特点

Flash 动画属于数字动画,与普通艺术相比,它特有的软件技术优势和时代背景,使 Flash 动画具有自己鲜明的特点。

1. 具有运动性艺术特征

"运动性"是 Flash 动画的主要艺术特征之一。我们知道 Flash 动画是以时间轴上帧的序列顺序,在舞台上快速更换画面,从而产生运动的视觉艺术效果。如果没有了画面的逐帧切换,那么只有静止的画面,就等同于一般美术作品,而不是 Flash 动画。绘画、雕塑、摄影所关注的是记录和描绘物体运动的"一瞬间"。Flash 动画虽然具有绘画性,但表现运动和绘画不同,它能表现现实世界各种运动的存在形式,表现运动过程,运动的时空进展和变化,能表现出其他艺术(除影视艺术)所不能表现的运动美。

2. 具有造型性艺术特征

"造型性"是 Flash 动画的又一主要艺术特征。Flash 动画是一种集美术、电影、计算机技术于一体的视听融合艺术。与一般电影、电视以拍摄现实生活中实物不同,动画中所有的角色或背景都是运用夸张、变形、寓意和象征等手法塑造的,无论是平面的绘画风格还是立体的艺术展示,都属于美术形态的范畴。因此,美术是动画影像设计及导演创作的基础,造型性是动画的根本特征之一。在 Flash 动画中,所有的形象都是以元件形式存在的,而元件是运用造型手段通过 Flash 软件技术来塑造的,它是以美术造型元素为材料的视觉设计,归属于美术范畴。

3. 具有交互式艺术特征

在观看 Flash 交互动画作品时,观赏者可参与其中,例如电子游戏,设置了许多操作键,可以令上网者立即参与其中。

在 Flash 动画中,每个对象都可以有自己的事件响应。设计者可以通过预先设置事件响应达到对动画控制的目的。交互式动画可以让观众通过鼠标、键盘和其他工具投身其中,通过选择动画的不同片断、移动动画中的对象,甚至在表单中输入信息让观众对参与的这个角色进行选择。不同的选择将导致不同的故事情节,从而产生不同的结局,使观众和动画产生互动,增加了 Flash 动画的趣味性。

4. 具有综合性艺术特征

Flash 动画是一门集文、理、技、艺于一身的学科,它的产生、存在和发展,不仅涉及文学和艺术,综合了戏剧、文学、美术、音乐等艺术成分,又涉及科学技术,综合了摄影、计算机等许多科学技术手段,是一门把艺术与科学相结合而形成的综合性艺术形式。

例如,对元件的绘制,是美术范畴;关键帧画面的编辑,是电影语言的运用;人物的对白配音和音乐的编辑,属于音乐艺术;对于动画画面、动作的制作,属于计算机技术的运用;角色的定位、剧情线索的安排又属于文学创作;作品在互联网上的传播,又属于网络文化。所有这些都集中体现了这一"综合性"。

1.3 Flash CS6 新增功能

Flash CS6 软件内含强大的工具集,具有排版精确、版面保真和丰富的动画编辑功能,能帮助设计者清晰地传达创作构思。

1. 生成 Sprite 表单

通过选择库中或舞台上的元件,可以导出元件和动画序列,以快速生成 Sprite 表单(精灵表单)。Sprite 表单是一个图形图像文件,该文件包含所选择元件中使用的所有图形元素,在文件中会以平铺方式安排这些元素。在 Flash CS6 中要导出 Sprite 表,用户可以执行如下步骤:

步骤1:选择舞台上的元件或库中的元件。

步骤2:单击鼠标右键,在弹出的菜单中选择【生成 Sprite 表】选项,如图 1-6 所示,弹出【生成 Sprite 表】面板,如图 1-7 所示。

步骤3:单击【导出】按钮,即可快速导出元件的动画序列。

图 1-6 选择【生成 Sprite 表】

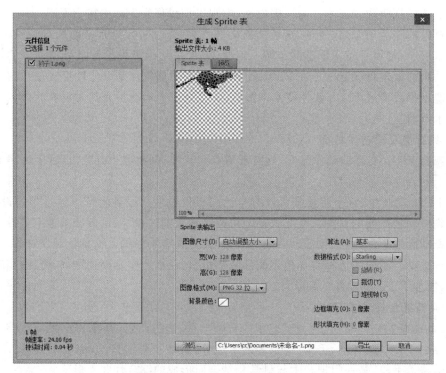

图 1-7 【生成 Sprite 表】面板

2．HTML 的新支持

以 Flash Professional 的核心动画和绘图功能为基础,利用新的扩展功能(单独提供)创建交互式 HTML 内容。导出 Javascript 来针对 CreateJS 开源架构进行开发。

3．高效 SWF 压缩

对于面向 Flash Player 11 或更高版本的 SWF,可使用一种新的压缩算法,即 LZMA。此算法效率会提高 40%,特别是对于包含很多 ActionScript 或矢量图形的文件。操作步骤如下:

步骤 1:选择【文件】|【发布设置】菜单命令,如图 1-8 所示。

步骤 2:在【发布设置】面板中勾选【高级】选项组中的【压缩影片】复选框,并在其后面的下拉菜单中选择 LZMA 命令,如图 1-9 所示。

图 1-8 选择【发布设置】命令　　　　　图 1-9 选择 LZMA 命令

4．增强的 ActionScript 编辑器

Flash CS6 的代码编辑器功能很强大,能够导入自定义类,并且实现代码提示,支持 ASDoc、自定义类等,如图 1-10 所示。

5．增强的骨骼动画

Flash CS6 包含了【骨骼工具】和【绑定工具】,这两个工具不仅可以控制对象的联动,而

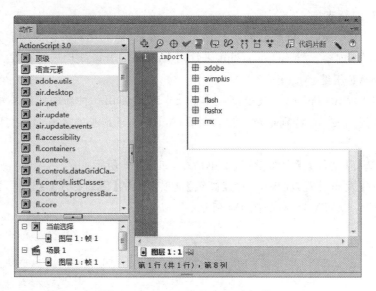

图1-10　ActionScript 3.0 编辑器

且能够控制单个形状的扭曲和变化。设计者借助骨骼工具的动画属性,可以创建出具有表现力、逼真的弹起和跳跃等动画属性。强大的反向运动引擎还可制作出真实的物理运动效果。

6. 高级文本引擎

Flash CS6 通过【文本版面框架】可以获得全球双向语言支持和先进的印刷质量排版规则 API,而且从其他 Adobe 应用程序中导入内容时仍可以保持较高的保真度。

在之后的学习中,大家通过实践操作将充分感受到 Flash CS6 带来的增强的体验。

本章将介绍 Flash CS6 操作界面、常用工具的使用和编辑，并通过章节实训，加强对 Flash CS6 基本操作的掌握。

2.1　Flash CS6 的操作界面

启动 Flash CS6，进入如图 2-1 所示的初始用户界面，通过此界面可以创建 Flash 文件，或者打开各种 Flash 项目。

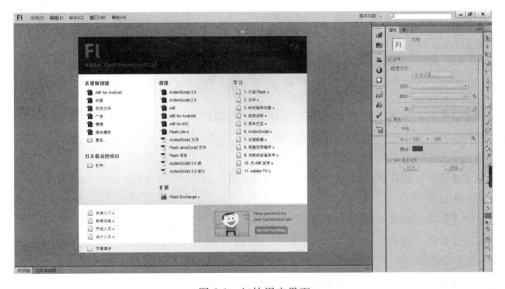

图 2-1　初始用户界面

选择新建【ActionScript 3.0】文件，将进入如图 2-2 所示操作界面。此界面主要由菜单栏、场景舞台、工具栏、时间轴、属性面板等浮动面板组成，用户可根据需要调整面板组合。

2.1.1　菜单栏

菜单栏位于操作界面上侧，如图 2-3 所示，包括文件、编辑、视图、插入、修改、文本、命令、控制、调试、窗口和帮助共 11 个菜单项。

【文件】菜单：包含最常用的对文件进行操作管理的命令，如新建、打开和保存文件，导入资源到舞台或库、发布动画。

【编辑】菜单：包含对对象的各种编辑命令，如选择、复制、粘贴和撤销编辑命令，以及自定义工具面板、首选参数设置等。

菜单栏　　　　　　　　场景舞台　　　　　　　　　　　　　属性面板

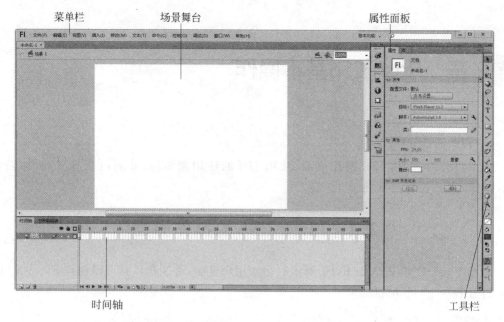

时间轴　　　　　　　　　　　　　　　　　　　　　工具栏

图 2-2　操作界面

文件(F)　编辑(E)　视图(V)　插入(I)　修改(M)　文本(T)　命令(C)　控制(O)　调试(D)　窗口(W)　帮助(H)

图 2-3　菜单栏

【视图】菜单：包含屏幕显示效果的各种命令，如放大、缩小，以及标尺、网格、辅助线等辅助设计命令。

【插入】菜单：包含创建新元素的命令，如插入元件、层、帧、场景。

【修改】菜单：包含修改文件各元素的命令，如修改文档和元件，元件与位图转换，以及对象的分离和组合。

【文本】菜单：对文本属性进行设置，如字体、大小、样式等。

【命令】菜单：包含导入导出动画 XML、管理和运行 ActionScript、将元件转换为 Flex 容器等命令。

【控制】菜单：包含动画播放和测试命令。

【调试】菜单：包含调试影片和控制播放的命令。

【窗口】菜单：包含设置用户界面各种面板显示与关闭的命令，以及界面布局的命令。

【帮助】菜单：含 Flash CS6 在线帮助信息和支持站点的信息，包括教程和 ActionScript 帮助。

2.1.2　工具栏

工具栏是最常用的面板之一，位于操作界面右侧，提供了各类工具。工具栏能够进行选择调整、绘制编辑、移动缩放、颜色填充等各种操作，如图 2-4 所示。

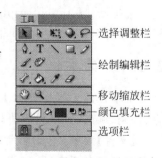

—— 选择调整栏
—— 绘制编辑栏
—— 移动缩放栏
—— 颜色填充栏
—— 选项栏

图 2-4　【工具栏】面板

2.1.3 时间轴面板

【时间轴】面板位于操作界面的下方,用于组织和控制图层内容按时间顺序进行播放。时间轴面板主要包含图层、帧和图层功能按钮三元素,如图 2-5 所示。

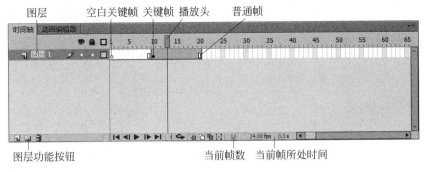

图 2-5 【时间轴】面板

【时间轴】面板左侧为图层区,对图层进行管理,如新建图层、删除图层、图层间关系调整。右侧为帧控制区,可以创建、删除、选择和移动帧,并对帧进行各种管理。帧有以下类型:

(1)关键帧:包含内容的帧,以实心圆点表示。

(2)空白关键帧:不包含内容的帧,以空心圆点表示。如果在空白关键帧上绘制了内容,就会转变为关键帧。

(3)普通帧:是关键帧或空白关键帧内容的延续,普通帧内呈现的画面,是该帧前面最近的一个关键帧(或空白关键帧)内的画面。

(4)自动关键帧:必须在补间动画内才会出现。如果没有事先创建补间动画,将不会产生这类帧。

2.1.4 属性面板

【属性】面板位于操作界面右侧,如图 2-6 所示。当选择文档、文本、元件、帧或工具等的信息时,【属性】面板会显示其相关属性,如图 2-7 所示,使用铅笔工具绘制椭圆后,【属性】面板将显示铅笔工具相关属性。

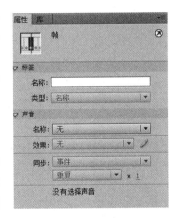

图 2-6 【属性】面板

2.1.5 舞台与场景

舞台位于用户界面中间的白色矩形区域,也是最终动画显示的区域。在舞台上可以绘制和编辑动画内容,其内容包括文本、图形、按钮、视频等,所有要显示的内容必须放在舞台上,否则在播放时无法显示。

场景是动画内容编辑的整个区域,包括舞台和后台区(如图 2-8 所示)。如果说舞台是话剧里演员站着的舞台,那么场景就是这个话剧的一幕戏。一个动画文件可以创建多个场景,通过更换不同的场景,来扩充更多的舞台范围。

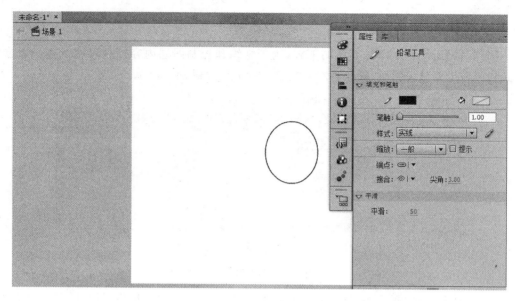

图 2-7　【铅笔工具】属性面板

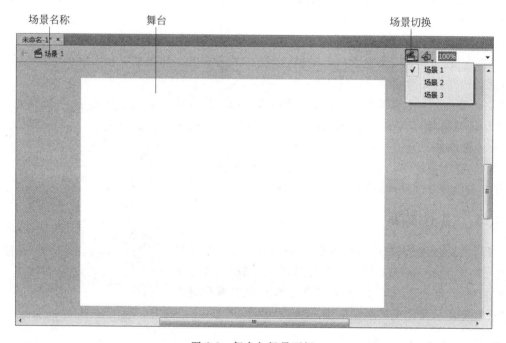

图 2-8　舞台与场景面板

2.1.6　其他面板

　　Flash CS6 用户操作界面还包括库面板、动作面板、颜色面板、对齐面板、变形面板等，这些功能面板为动画制作提供了强大的技术支持。

1. 库面板

　　【库】面板用于管理用户创建的元件、声音、影片和组件等内容，提供用户反复使用资源的储存仓库,如图2-9所示。【库】面板显示库中所有项目名称的列表,允许用户在操作中查看和组织这些元素。

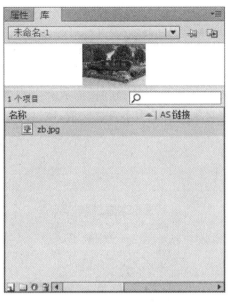

图 2-9 【库】面板

2. 动作面板

使用【动作】面板可以编写 ActionScript 代码(如图 2-10 所示),左上的窗口用来显示 AS 中所有的关键词,左下的窗口用来选择代码编写的位置,在 Flash 中可以将代码编写在影片剪辑、按钮、帧上;右面的大窗口就是用来编写代码的。

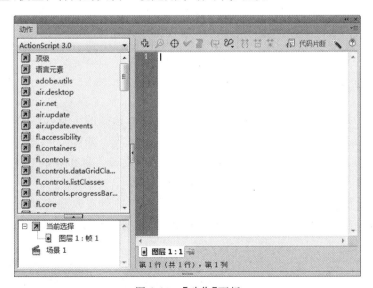

图 2-10 【动作】面板

3. 颜色面板

【颜色】面板可用来给对象设置笔触颜色和填充颜色,如图2-11所示。设置填充颜色时,可以选择"无""纯色""线性渐变""径向渐变"和"位图填充"等填充类型;在设置笔触颜色时,可以设置笔触的颜色及透明度。调颜色的区域与以前的版本相比有所改进,以 HSB 或 RGB 任选一种模式进行调色。

4. 对齐面板

【对齐】面板可对舞台上对象的大小和位置进行对齐,如图 2-12 所示。要与舞台中心对齐,需要勾选【与舞台对齐】,然后选择【水平中齐】和【垂直中齐】。

5. 变形面板

【变形】面板可对选中的对象进行旋转、倾斜、缩放和重制选区并应用变形等操作,如图 2-13 所示。Flash 会保存对象的初始大小及旋转值,该过程可使用户撤销已经应用的变形并还原为初始值。

图 2-11 【颜色】面板

图 2-12 【对齐】面板

图 2-13 【变形】面板

2.2 常用工具的使用

本节将介绍选择、绘图和色彩工具的基本操作。

2.2.1 选择工具

选择工具是对舞台上的文字、形状、位图和元件进行选择的工具,除对内容进行灵活选取外,还可以对线条和形状进行各类操作,如变形、旋转等。如图 2-14 所示为各类选择工具,依次为选择工具、部分选取工具、任意变形工具、3D 旋转工具和套索工具。

1. 选择工具

选择工具是使用频率比较高的工具,它可对对象进行选取并拖动,还可对对象的笔触和填充分别进行移动、变形等处理。如图 2-15 所示,可分别对球形的笔触和填充进行选择。

图 2-14 选择工具区

图 2-15 选取对象

当鼠标靠近球形对象,形状变成 时,表示可以对对象进行曲线操作,如图 2-16 所示。

图 2-16　对象变形

如果对象带有角度,当鼠标靠近角度时,将变成 形状,表示可以拖动角度,如图 2-17 所示,将长方形变成梯形。

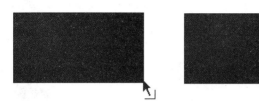

图 2-17　角度拖动

2. 部分选取工具

部分选取工具除对对象进行选取、移动外,其最大特点是将对象笔触看成是由节点和线段组成的曲线,通过对节点的调整,可进行灵活的形状改变。如图 2-18 所示,对节点拖动,并且调节节点切线手柄,将圆形变成 C 型。

3. 任意变形工具

任意变形工具可以对对象进行旋转、缩放、扭曲和封套造型的编辑。选取该工具后,需要在工具面板的属性选项区域中选择需要的变形方式,如图 2-19 所示。

图 2-18　部分选取工具的使用　　　　图 2-19　属性选项面板

(1)旋转与倾斜

将鼠标移动到所选对象边角上的黑色小方块上,当光标变成如图 2-20 所示的形状后,按住并拖动鼠标,即可对选取的图形进行旋转。移动鼠标到所选图形的中心,在光标变成如图 2-21 所示的形状后,对白色的图形中心点进行位置移动,可以改变图形在旋转时的轴心位置。在光标变成如图 2-22 所示的形状时按住并拖动鼠标,可以对图形进行水平或垂直方向上的倾斜变形。

(2)缩放

可以对选取的对象进行水平方向、垂直方向或者等比地大小缩放,如图 2-23 所示。

图 2-20　旋转对象

图 2-21　轴心改变后的旋转

图 2-22　倾斜对象

(a)水平方向　　　　　　　　　(b)垂直方向　　　　　　　　　(c)等比缩放

图 2-23　缩放对象

（3）扭曲

选择扭曲选项,将光标移动到所选图形边角的黑色方块上,当光标改变为如图 2-24 所示形状时拖动鼠标,可以对绘制的图形进行扭曲变形。

（4）封套

封套允许对对象进行弯曲或扭曲,封套是一个边框,其中包含一个或多个对象。更改封套的形状会影响该封套内的对象的形状,通过调整封套的节点和切线手柄来编辑封套形状,如图 2-25 所示。

图 2-24　扭曲对象

 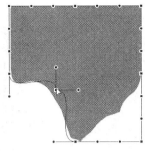 

图 2-25　封套对象

> 注意："扭曲"和"封套"功能不能修改元件、位图、视频对象、声音、渐变、对象组或文本。如果所选的多种内容包含以上任意内容，需要打散成形状对象，其操作路径为执行【修改】菜单|【分离】命令。

4．3D 旋转工具

选择舞台上的对象后，单击 图标，对象将显示如图 2-26 所示的靶状图形。当鼠标移动至内环时，光标变成如图 2-27(a)所示形状并拖动鼠标，将实现对象 360°的平面旋转，如图 2-27(b)所示。当鼠标移动至内环和外环之间时，光标变成如图 2-28(a)所示形状，拖动鼠标，可实现对象垂直和水平翻转，如图 2-28(b)(c)所示。

(a)光标形状　　　　　　(b)逆时针旋转

图 2-26　3D 旋转显示　　　　　　　　图 2-27　平面旋转

 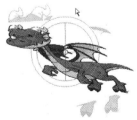 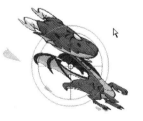

(a) 光标形状　　　　　(b) 垂直翻转　　　　　(c) 水平翻转

图 2-28　3D 翻转

5．套索工具

套索工具可自由选择对象，如图 2-29(a)所示，选取后的对象如图 2-29(b)所示。

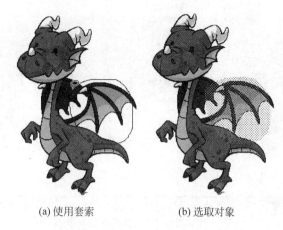

(a) 使用套索   (b) 选取对象

图 2-29　套索工具

2.2.2　绘图工具

Flash CS6 提供了丰富的绘图工具,通过对绘图工具的学习,掌握绘图方法,为进行动画设计打下基础。如图 2-30 所示为【绘图工具】面板。

对几个常用的绘图工具做以下介绍:

1. 线条工具

线条工具用于绘制直线,如图 2-31 所示,在舞台上画了两条直线。选中直线,在直线【属性】面板中(如图 2-32 所示),对其进行属性设置。

钢笔工具 　T 文字工具
线条工具 　 矩形工具
铅笔工具 　 刷子工具
Deco工具

图 2-30　【绘图工具】面板　　图 2-31　竖线　　图 2-32　直线属性面板

- 位置和大小:设置线条在舞台上的位置,并可进一步设置线条粗细和长度。
- 笔触颜色:如图 2-33 所示,对线条进行颜色设置。
- 笔触大小:对线条进行粗细调整。
- 样式:线条有极细线、实线、虚线、点状线、锯齿线、点刻线和斑马线 7 种样式,如图 2-34 所示。
- 端点:线条端点有 3 种选项,如图 2-35 所示,依次为无、圆角和方形端点。

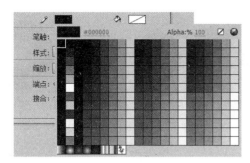

图 2-33　笔触颜色设置

图 2-34　线条样式

综上，对两直线进行相关属性设置，再使用前面介绍的选择工具 ，对直线进行曲线操作和拖动，可制作出如图 2-36 所示效果。

图 2-35　线条端点

图 2-36　直线绘制效果图

2. 几何形状工具

当按住矩形工具图标不放时，将出现如图 2-37 所示菜单，提供几何形状的设计。

（1）矩形工具

绘制各种比例的矩形（按【Shift】键可绘制正方形），并且通过属性面板设置边角半径（如图 2-38 所示），绘制各类边角矩形（如图 2-39 所示）。

图 2-37　几何形状工具菜单

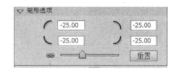

图 2-38　边角半径面板

图 2-39　边角矩形

（2）椭圆工具

它用于绘制椭圆，设置属性面板椭圆选项中的开始角度、结束角度或内径等（如图 2-40 所示），能够绘制出扇形、圆形等，如图 2-41 所示。

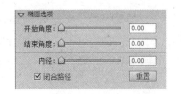

图 2-40 椭圆选项面板

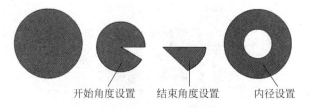

图 2-41 椭圆选项设置效果

（3）多边星形工具

它用于绘制任意多边形和星形图形。选择属性面板的选项按钮，在弹出的【工具设置】对话框中（如图 2-42 所示）选择多边形或星形样式，边数为 5，可绘制出如图 2-43 所示图形。

图 2-42 【工具设置】对话框

3. 铅笔工具

铅笔工具可自由地绘制线条（直线和曲线）和形状，效果就像真正的铅笔一样。当选中铅笔工具后，在工具面板的属性选项区域中有对象模式 ⬜ 和铅笔模式 ✎ ，对象模式用于绘制互不干扰的多个图形，铅笔模式有三种选项（如图 2-44 所示）。

图 2-43 多角图形绘制　　　　　　　图 2-44 铅笔模式

- 伸直：可将独立的线条自动连接，将接近直线的线条自动拉直，对摇摆的曲线进行直线式处理。
- 平滑：可缩小 Flash 自动处理的范围，选择平滑选项时，线条拉直和形状识别功能将被禁止。在绘制曲线后，系统可以进行轻微的平滑处理，使端点接近的线条彼此可以连接。
- 墨水：将关闭 Flash 自动处理功能，即画的是什么就是什么，不会做任何平滑、拉直或连接处理。

和线条工具一样，可以定义 7 种线条样式和两种端点，同时定义线条接合方式：尖角、圆角和斜角。如图 2-45 所示为使用伸直、平滑和墨水绘制的三角形，接合方式为尖角。

4. 刷子工具

刷子工具可以帮助用户绘制刷子般的填充形式,和现实生活中的画笔一样。其属性面板对应的选项信息如图 2-46 所示。

图 2-45　铅笔绘制　　　　　　　　　　　图 2-46　刷子工具选项

- 对象绘制:可以绘制相互独立的多个图形。
- 锁定填充:设置填充的渐变颜色是独立还是连续的。
- 刷子模式:设置刷子工具的各种模式,如图 2-47 所示,有 5 种模式。
- 刷子大小:设置刷子大小,如图 2-48 所示。
- 刷子形状:设置刷子形状,如图 2-49 所示。

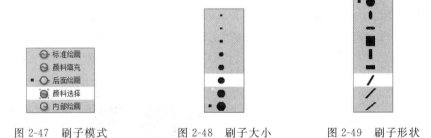

图 2-47　刷子模式　　　　　图 2-48　刷子大小　　　　　图 2-49　刷子形状

刷子模式是用于设置绘画时的填充模式,有以下 5 种模式。
- 标准绘画:可对同一图层的笔触和填充颜色进行填充。
- 颜料填充:可对同一图层的填充颜色进行填充。
- 后面绘画:不能对同一图层的笔触和填充颜色进行填充。
- 颜色选择:只能对同一图层中被选择的填充区域进行填充。
- 内部绘画:如果是从填充区域内部开始的,只对填充区域进行填充;如果是从舞台空白区域开始填充的,则对填充区域没有任何影响。

图 2-50 从左到右依次为标准绘画、颜料填充、后面绘画和颜色选择效果图。

图 2-50　刷子模式效果图

2.2.3 色彩工具

在 Flash 中,图形一般由形状填充和笔触两部分组成,因此使用油漆桶工具 ![] 和墨水瓶工具 ![] 可分别对填充 ![] 和笔触 ![] 进行颜色设置,在工具栏和属性面板上都能找到相应图标。

1. 油漆桶工具

油漆桶工具可以对封闭的区域、不封闭的区域和封闭区域的空隙区进行颜色填充。选择油漆桶后,其工具栏上的选项信息如图 2-51 所示。空隙大小选项值有 4 种,如图 2-52 所示。

空隙大小——
锁定填充——

图 2-51　油漆桶选项　　　　　　　图 2-52　空隙大小选项

- 不封闭空隙:在没有空隙的情况下才能进行颜色填充。
- 封闭小空隙:在空隙比较小的情况下进行颜色填充。
- 封闭中等空隙:在空隙比较大的情况下进行颜色填充。
- 封闭大空隙:在空隙很大的情况下进行颜色填充。

如图 2-53 所示圆环,对其填充颜色进行更改,选择油漆桶后,在对应的属性面板中选择纯色或渐变色后(如图 2-54 所示),单击圆形即可更改填充颜色(如图 2-55 所示)。

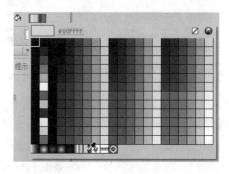

图 2-53　圆环初始颜色图　　　　　　　图 2-54　油漆桶颜色选区

2. 墨水瓶工具

墨水瓶工具可改变笔触颜色、宽度和样式。设置笔触大小为 30,样式为斑马线,得到如图 2-56 所示效果。

图 2-55　油漆桶应用　　　　　　　图 2-56　墨水瓶工具应用效果

2.2.4　橡皮擦工具

橡皮擦工具  是绘制图形的辅助工具,可擦除填充和笔触。在工具栏中的选项信息如图 2-57 所示。

1. 橡皮擦模式

单击橡皮擦模式图标后,将显示如图 2-58 所示菜单,共 5 种模式。

图 2-57　橡皮擦工具选项

图 2-58　橡皮擦模式

- 标准擦除:将擦除所经过的当前层所有填充和笔触。
- 擦除填色:只能擦除填充色,而不能擦除笔触。
- 擦除线条:只能擦除笔触。
- 擦除所选填充:只能擦除选中的填充色。
- 内部擦除:只能擦除笔触开始时的填充,如果从空白处开始擦除,则不能擦除任何内容。

2. 水龙头

水龙头适用于较大面积的擦除,能较快擦除填充区域和笔触。

2.3　章节实训——绘制可爱小狗

利用前面所介绍的工具绘制可爱小狗,如图 2-59 所示。

具体步骤如下:

(1)使用椭圆工具绘制小狗脑袋,椭圆属性面板设置如图 2-60 所示,绘制的椭圆如图 2-61 所示。再绘制一个较小的椭圆,进行重叠放置,得到如图 2-62 所示效果。

图 2-59　可爱小狗

(2)使用直线工具绘制耳朵。首先,使用两条相交直线绘制耳朵轮廓,如图 2-63(a)所示;其次,使用选择工具,对角度和弧度进行调整,如图 2-63(b)(c)所示;最后,复制耳朵,并进行水平翻转,制作右耳,如图 2-63(d)所示。

图 2-60　椭圆属性面板

图 2-61　椭圆脑袋

图 2-62　椭圆叠加

25

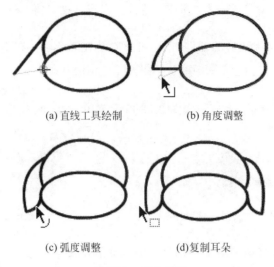

(a) 直线工具绘制   (b) 角度调整

(c) 弧度调整   (d)复制耳朵

图 2-63　耳朵绘制

（3）使用刷子工具绘制眼睛。首先，设置刷子大小和形状，如图 2-64 所示；其次，在相应位置通过单击刷子绘制眼睛，得到如图 2-65 所示效果。

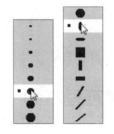   

图 2-64　设置刷子大小和形状   图 2-65　绘制眼睛

（4）绘制鼻子和嘴巴。使用椭圆工具绘制鼻子，使用直线工具绘制嘴巴，初始效果如图 2-66(a)所示。使用选择工具对直线进行弧度调整，如图 2-66(b)所示，最终得到如图 2-66(c)所示效果。

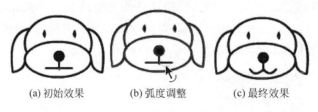

(a)初始效果   (b)弧度调整   (c)最终效果

图 2-66　绘制鼻子和嘴巴

（5）使用油漆桶填充颜色。首先，填充脑袋，设置填充颜色为"♯B27469"，如图 2-67 所示，填充效果如图 2-68 所示；其次，填充耳朵，设置颜色为"♯773F32"，得到如图 2-69 所示效果；最后，对狗鼻子填充进行修改，设置为红色，如图 2-70 所示。

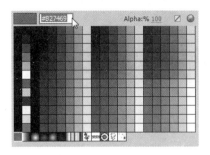

图 2-67 填充颜色设置

图 2-68 脑袋填充效果

图 2-69 耳朵颜色填充

图 2-70 鼻子颜色修改

第 3 章　创建与编辑文档

在使用 Flash CS6 制作和设计动画之前需要了解和掌握一些基本的 Flash 操作，为后面的深入学习打下扎实的基础。

本章主要讲解 Flash CS6 文档的基本操作和纠正操作失误的撤销和还原命令。

3.1　文档基本操作

文档的基本操作包括对文档的创建、文档属性的设置、保存、打开、关闭和动画的发布设置。

3.1.1　创建新文档

1. 通过欢迎用户界面创建

启动 Flash CS6 软件后，进入如图 3-1 所示的欢迎用户界面，该界面包括以下 5 个主要栏目板块。

图 3-1　欢迎用户界面

- 【从模板创建】：利用软件提供的模板创建新文档。
- 【打开最近的项目】：快速打开最近一段时间使用过的文件。
- 【新建】：新建各种 Flash 文档。
- 【扩展】：用于快速登录 Adobe 公司的扩展资源下载网页。
- 【学习】：为用户提供的学习资料。

其中【新建】栏中【ActionScript 3.0】和【ActionScript 2.0】分别指新建文档使用的脚本语言种类。在创建 flash 动画文件时，如果只做简单的时间轴动画，两者都可以，区别不是很大。如果动画要用脚本代码，那就根据自己采用的脚本语言进行选择。需要注意的是，Flash CS6 中的有些新功能只能在脚本语言为"ActionScript 3.0"的 Flash 文档中使用。

创建新文档可以选择【新建】→【Action Script 3.0】命令，当然也可以根据需要从模板中新建或新建其他类型的文件。

2. 通过【文件】菜单创建

具体操作方法：单击【文件】|【新建】，弹出如图 3-2 所示的对话框，在该对话框中根据需要选择要创建的 Flash 新文档，例如单击【常规】选项卡中的【ActionScript 3.0】。

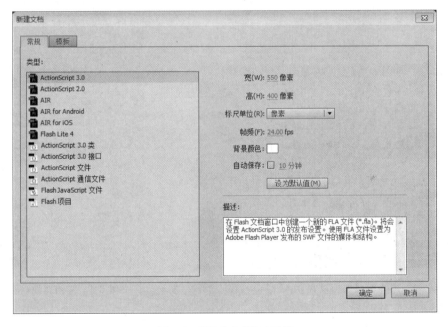

图 3-2 【新建文档】对话框

3.1.2 设置文档属性

新建 Flash 文档后，需要对文档进行属性设置。文档的属性通常包括文档的大小、背景颜色以及动画帧频等。

设置文档属性可以单击【修改】|【文档】或按下【Ctrl】+【J】快捷键，弹出如图 3-3 所示的【文档设置】对话框。

【文档设置】对话框中部分参数介绍如下：

【尺寸】：用于设置舞台宽度和高度的参数值，默认尺寸大小是 550 像素×400 像素。

【标尺单位】：单击【标尺单位】右侧的下拉按钮，在弹出的下拉列表中选择用于设置舞台宽高的单位标尺，系统默认为"像素"。

【背景颜色】：单击【背景颜色】右侧的色块，在弹出的颜色调色板中选择舞台的背景颜色。

【帧频】：用于设置动画的播放速度，单位为 fps，指每秒钟动画播放的帧数，也就是指每秒钟可以播放多少个画面。单击【帧频】右侧的数值，在数值框中输入每秒显示的帧数。帧频数值越大，动画的播放速度越快，但是太快，会使动画的细节变得模糊，太小，会使动画看起来不连续。一般情况下，电视和计算机的动画播放帧频为 24fps，互联网播放动画的帧频为 12fps。

【自动保存】：勾选此选项，可以设置 Flash 文件自动保存的时间间隔。

我们也可以单击工作区域空白处，在右侧的【属性】面板（如图 3-4 所示）的【属性】标签中设置舞台的帧频 FPS、大小以及背景颜色。当然也可以单击【属性】面板上的【编辑文档属性】按钮 ，在弹出如图 3-3 所示的【文档设置】对话框中进行详细设置。

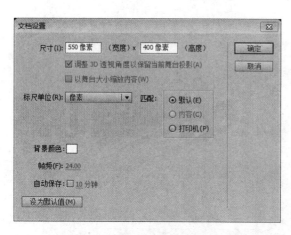

图 3-3 【文档设置】对话框

图 3-4 文档属性面板

3.1.3 保存文档

Flash 动画文件制作完成后需要将其保存起来，以便再次进行编辑和修改。在编辑动画的过程中，为了防止断电等各种意外造成数据的丢失，用户也需要随时对制作的动画文件进行保存。

保存文档的具体操作方法很简单，单击【文件】|【保存】，或按下【Ctrl】+【S】组合键即可。如果是第一次保存文档，则会弹出如图 3-5 所示的【另存为】对话框。在该对话框中设置好动画文件保存的路径、名称以及保存类型，单击【保存】按钮即可。如果对已经保存过的文档想重新以新的文件名保存在另外的位置，则可以单击【文件】|【另存为】，或按下【Ctrl】+【Shift】+【S】组合键，在弹出的【另存为】对话框中重新输入文件名并按指定的位置

进行保存。

> 注意：保存文档类型默认为. fla 类型，也可以根据需要选择保存的类型，例如设置保存类型为"Flash CS6 未压缩文档(∗. xfl)"格式。

图 3-5　【另存为】对话框

3.1.4　打开文档

启动 Flash 后，可以打开之前保存过的文档进行再次编辑和修改。打开文档的具体操作方法为：单击【文件】|【打开】，或按下【Ctrl】+【O】快捷键，会弹出如图 3-6 所示的【打开】对话框。在该对话框中选择需要打开的文档，单击【打开】按钮便可完成文档的打开操作。

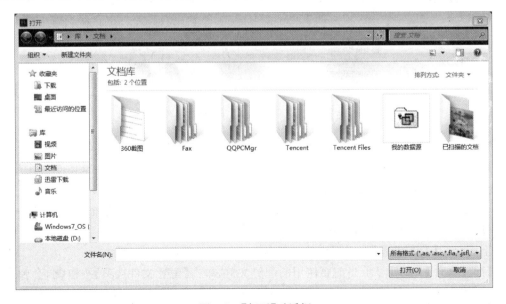

图 3-6　【打开】对话框

如果最近打开过一些 Flash 文档,会出现在如图 3-1 所示的欢迎用户界面中的【打开最近的项目】栏,在该区域中直接单击想要打开的文档即可快速打开最近打开过的 Flash 文档。也可以通过单击【文件】|【打开最近的文件】,在弹出的级联菜单中选择最近打开过的文档便可快速打开指定的 Flash 文档。

3.1.5 关闭文档

当完成文档的编辑和保存操作后,可以将其关闭。关闭文档的方法非常简单,只需要单击动画文档标题栏右侧的【关闭】按钮 ✖ 即可。如果此时 Flash 文档没有保存,则会弹出对话框询问是否对编辑过的文档进行保存,选择【是】,则先执行保存文档的操作,然后自动关闭文档;选择【否】,则不保存文档并直接关闭文档。

当然,也可以通过单击【文件】|【关闭】,或按下【Ctrl】+【W】快捷键将打开的文档进行关闭。如果要将全部打开的 Flash 文档都关闭,可以通过单击【文件】|【全部关闭】,或按下【Ctrl】+【Alt】+【W】快捷键来完成。如果单击【文件】|【退出】,或按下【Ctrl】+【Q】组合键则会先关闭 Flash 文档,同时退出 Flash 的运行环境。

3.1.6 动画的发布设置

制作完成动画影片后,可以将其发布为所需的各种文件格式。默认情况下,用户选择【文件】|【发布】命令,或是按下【Alt】+【Shift】+【F12】组合键会创建一个 Flash SWF 文件和一个 HTML 文档,该 HTML 文档会将 Flash 内容嵌入到浏览器窗口中。

发布动画前最好将 Flash 源文件保存到指定位置,这样方便用户更好地找到发布的文件,因为系统默认情况下会将发布的 SWF 和 HTML 文件放在 Flash 源文件的保存位置,如图 3-7 所示。

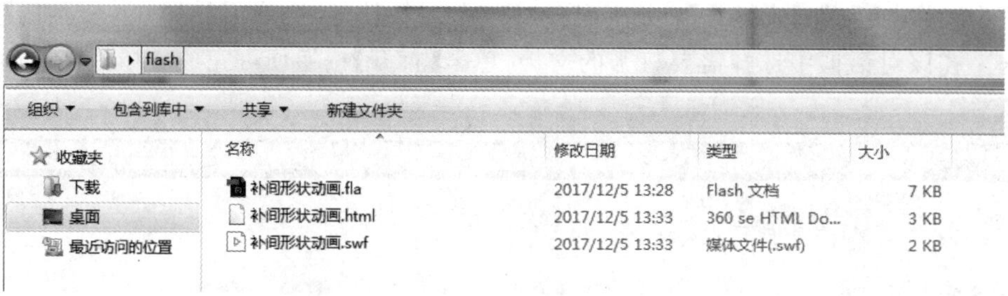

图 3-7 执行发布命令后生成的 SWF 和 HTML 文件

Flash 影片除了可以导出发布为 SWF 文件和 HTML 文档外,还可以发布成其他多种文件格式(例如 GIF、JPEG、PNG 等),为了方便设置每种可以导出发布的文件格式属性,Flash 提供了一个【发布设置】对话框,用户可以通过单击【文件】|【发布设置】,或是按下【Ctrl】+【Shift】+【F12】快捷键打开该对话框,如图 3-8 所示。在该对话框中选择将要发布的文件类型、导出路径以及详细参数设置。

下面介绍【发布设置】对话框中的主要参数:

【配置文件】:此处显示当前要使用的配置文件,单击【配置文件选项】按钮 ⚙,会弹出下拉菜单,用户可以创建、复制、导入、导出以及重命名配置文件。以后需要使用相同的发布设

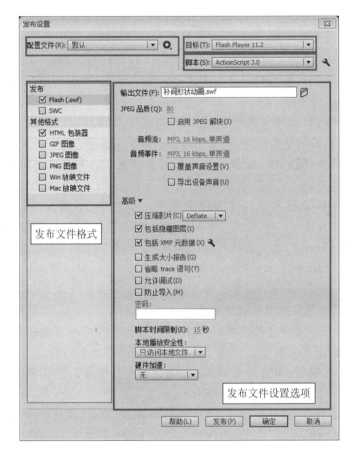

图 3-8　【发布设置】对话框

置时，直接调用对应的配置文件即可；若不做设置，会使用 Flash CS6 默认的配置文件。

【目标】：用于设置当前文件的目标播放器，单击其后的小三角按钮可以在下拉列表中选择相应的播放器版本，默认的是 Flash Player 11.2。

【脚本】：用于设置 Flash 动画文件应用的 ActionScript 脚本。

【发布文件格式】：用于选择文件发布的格式，默认发布为一个 SWF 文件和一个HTML 文档。用户还可以根据需要选择其他格式的文件，如 GIF、JPEG、PNG 等。

【发布文件设置选项】：此处的选项会根据左侧【发布文件格式】中选择不同的文件格式而发生变化，用于设置选定的发布文件格式的具体设置选项。默认情况下为"Flash(∗ . swf)"文件格式的设置选项。

设置好所有选项后，单击【发布】按钮，弹出【正在发布】对话框，进度条结束以后，该影片便以刚才在【发布设置】对话框中所设置的文件格式和选项进行发布。

下面介绍在【发布设置】对话框选择不同的发布文件格式时，右侧不同的发布文件设置选项。

1. 发布为 SWF 文件

默认情况下，发布的文件是一个 SWF 文件和一个 HTML 文档。即在【发布设置】对话框的左侧【发布文件格式】区域中默认会选择【Flash(∗ . swf)】复选框，而在右侧【发布文件设置选项】默认显示的就是 SWF 文件设置参数的界面,如图 3-8 所示。

【输出文件】:用于设置发布的 SWF 文件保存的目标路径以及文件名。

【JPEG 品质】:用于将动画中的所有位图保存为具有一定压缩率的 JPEG 文件。可通过移动滑杆或在文本框里输入相应数值来控制位图的压缩,数值越小,品质越低,生成的文件就越小;反之则品质越高,文件越大。

【启用 JPEG 解决】:选择此复选项,可以使高度压缩的 JPEG 图像显得更为平滑,减少由于 JPEG 压缩导致的典型失真,但可能会使一些 JPEG 图像丢失一些细节。

【音频流和音频事件】:用于设置影片中所有音频流和音频事件的压缩采样格式、比特率与品质等。

【覆盖声音设置】:选择此复选项,则不再使用在库中设定好的各种音频属性,而统一使用在这里的设置。

【导出设备声音】:选择此复选项,可以导出适合于设备的声音而不是原始库声音。

【高级】:用于设置 SWF 文件的一些高级选项。

- 压缩影片:选择此复选项,会压缩 SWF 文件以减少文件大小和缩短下载时间。系统默认状态下此复选项呈选中状态。
- 包括隐藏图层:选择此复选项,可以导出 Flash 文档中所有隐藏的图层。反之则不发布隐藏图层。
- 包括 XMP 元数据:用于设置发布的 SWF 的文档信息。默认情况下,将在【文件信息】对话框中发布输入的所有元数据。
- 生成大小报告:选择此复选项,会生成一个 TXT 报告,按文件列出最终 Flash 内容中的数据量。
- 省略 trace 语句:选择此复选项,测试影片时,会使 Flash 忽略当前 SWF 文件中的跟踪动作。
- 允许调试:激活调试器并允许远程调试 SWF 文件。
- 防止导入:选择此复选项,可以防止其他人导入 SWF 文件并将其转换回 FLA 文档,同时可在下方的选项中输入密码保护文件。
- 密码:在文本框中输入密码保护文件。
- 脚本时间限制:用于设置时间脚本在 SWF 文件中执行时可占用的最大时间量,默认为 15s。
- 本地播放安全性:用于设置发布的 SWF 文件是本地安全性访问权还是网络安全访问权。
- 硬件加速:用于设置发布的 SWF 文件使用硬件加速。可以根据需求选择不用的硬件加速,提供更高一级的性能优势。

2. 发布为 HTML 文件

如果想要在网上浏览 Flash 动画,就必须创建含有动画的 HTML 文件,并设置好浏览器的属性。在【发布设置】对话框的左侧【发布文件格式】区域中选择【HTML 包装器】复选框,则在右侧【发布文件设置选项】显示为 HTML 文件设置选项的界面,如图 3-9 所示。

【输出文件】:用于设置发布的 HTML 文件保存的目标路径以及文件名。

【模板】:用于设置所使用的模板。默认情况下选择的"仅 Flash"。用户可以根据输出

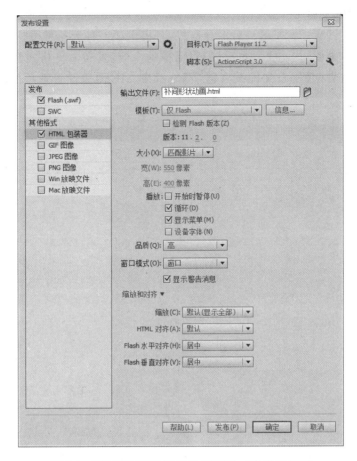

图 3-9 【发布设置】对话框的 HTML 文件设置选项

的需要选择不同的选项,单击右侧的【信息】按钮,可以查看每一种模板的说明。

【大小】:用于设置 HTML 文件的尺寸,其中包括三种选项。

- 匹配影片:系统默认时的选项,将使用当前影片的大小。
- 像素:通过输入宽和高的像素数,设置动画文件的尺寸,以像素为单位。
- 百分比:根据浏览器窗口的百分比比例来确定动画文件的百分比比例,以百分比为单位。

【播放】:用于设置浏览器中 Flash 播放器的相关属性。

- 开始时暂停:表示暂停播放影片,直到要求播放时才会取消暂停。
- 循环:表示影片播放到最后一帧后会重复播放。
- 显示菜单:表示在发布的影片中右击,会弹出一个用于放大、缩小、选择品质以及打印等设置的快捷菜单。
- 设备字体:表示用消锯齿的系统字体来替换未安装在用户系统上的字体,只适用于 Windows 环境。

【品质】:用于设置 Flash 动画的播放质量,在下拉列表中可以进行不同品质的选择。

【窗口模式】:用于决定 HTML 页面中 Flash 动画背景透明的方式。

【缩放和对齐】:用于 Flash 动画在 HTML 页面中缩放以及对齐方式。

3. 发布为 GIF 文件

GIF 格式是在网页中常见的一种图片格式,它提供了一种简单的方法来导出绘画和简单动画,并在 Web 中使用。在【发布设置】对话框的左侧【发布文件格式】区域中选择【GIF 图像】复选框,则在右侧【发布文件设置选项】显示为 GIF 图像设置选项的界面,如图 3-10 所示。

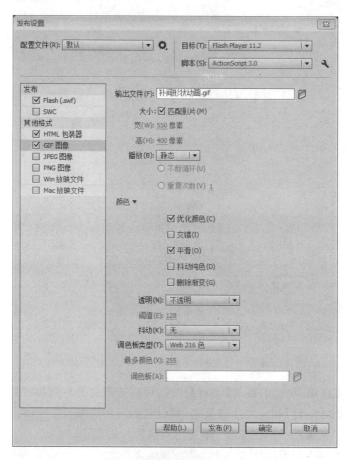

图 3-10 【发布设置】对话框的 GIF 图像设置选项

【输出文件】:用于设置发布的 GIF 图像文件保存的目标路径以及文件名。

【大小】:用于设置发布的 GIF 图像文件的尺寸,以像素为单位。如果选择【匹配影片】复选框,则发布后的 GIF 文件尺寸以动画文件的尺寸为准。

【播放】:设置发布后的 GIF 文件是静态图片还是 GIF 动画。如果选择【动画】,还可以在其下方设置成【不断循环】或者输入动画循环播放的次数。

【颜色】:用于设置 GIF 图像的颜色显示选项。

【透明】:用于定义如何将 Flash 中的动画背景和透明度转换到 GIF 图像中。

【抖动】:用于设置是否打开抖动功能,并设置抖动的方式。

- 无:关闭抖动,并用基本颜色表中最接近指定颜色的纯色替代该表中没有的颜色。如果关闭抖动,产生的文件比较小,但是颜色不能令人满意。
- 有序:提供高品质的抖动,同时文件大小的增长幅度也最小。

- 扩散：提供最佳品质的抖动，但是会增加文件大小并延长处理时间，只有选择
  【Web216色】调色板时才起作用。

【调色板类型】：用于设置图像的调色板。

4. 发布为 JPEG 文件

JPEG 文件是一种比较成熟的图像有损压缩格式，可以将图像保存为高压缩比的 24 位位图。一般情况下，GIF 格式对于导出线条绘画的效果比较好，而 JPEG 格式图像的使用范围却更为广泛，它适合导出含有大量渐变色和位图的图像。在【发布设置】对话框的左侧【发布文件格式】区域中选择【JPEG 图像】复选框，则在右侧【发布文件设置选项】显示为 JPEG 图像设置选项的界面，如图 3-11 所示。

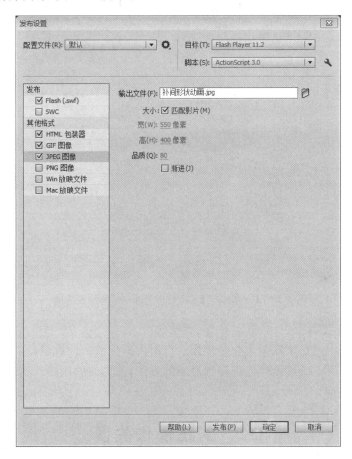

图 3-11 【发布设置】对话框的 JPEG 图像设置选项

与 GIF 图像设置选项相比，不同的选项参数如下：

【品质】：用于设置 JPEG 图像文件的压缩程度，不同数值的图像效果有所不同，而且数值越低，则文件越小，反之，文件就越大。

【渐进】：选择此复选项，可以在 Web 浏览器中逐步显示渐进的 JPEG 图像，因此可以在低速的网络连接上以较快的速度显示所加载的图像，类似于 GIF 图像中的【交错】选项。

5. 发布为 PNG 文件

PNG 格式是一种可跨平台、支持透明度的图像格式。在【发布设置】对话框的左侧【发

布文件格式】区域中选择【PNG 图像】复选框,则在右侧【发布文件设置选项】显示为 PNG 图像设置选项的界面,如图 3-12 所示。

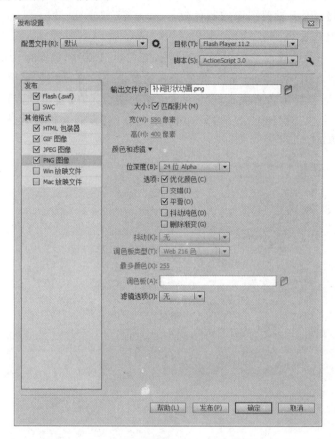

图 3-12 【发布设置】对话框的 PNG 图像设置选项

与 GIF 图像设置选项相比,不同的选项参数如下:

【位深度】:用于设置创建图像时每个像素点所占的位数。位数越高,文件就越大。

【滤镜选项】:用于设置图像信息逐行过滤的方法,使文件的压缩性更高,并用特定图像的不同选项进行实验。

3.2 纠正操作失误

制作 Flash 动画的过程中难免会遇到一些错误操作或是不满意的操作,而这之前可能已经做了很多的步骤,有很多创意设计在里面,重新再做会很浪费时间,而且极有可能再也做不出刚刚的那些效果了,这时可以利用 Flash 提供的纠正操作失误的方法进行还原、撤销和重复,达到自己想要的效果。

3.2.1 "还原"命令

启动 Flash 之后,用户可以根据自己制作动画的需要,打开或关闭对应的面板窗口,并调整位置大小。如果想要把工作界面还原到最初的界面,可以通过重置工作区来实现。具

体方法：选择【窗口】|【工作区】,出现级联菜单,如果工作区当前是【基本功能】,则选择【重置"基本功能"】以实现界面的还原操作。

3.2.2 "撤销"与"重做"命令

制作动画过程中,如果要撤销上一步的操作,可以单击【编辑】|【撤销】,或是按快捷键【Ctrl】+【Z】;如果要撤销上几步操作,可以多次单击【编辑】|【撤销】,或是多次按快捷键【Ctrl】+【Z】。

如果撤销之后,发现是错误操作,想要恢复到刚才撤销之前的状态,可以单击【编辑】|【重做】,或是按快捷键【Ctrl】+【Y】;如果要恢复到上几步操作,可以多次单击【编辑】|【重做】,或是多次按快捷键【Ctrl】+【Y】。

3.3 章节实训——消失的小球

创建一个完整的 Flash 动画文件,一般需要执行下面几个步骤：

(1) 创建一个新的 Flash 文档文件。

(2) 对文档进行基本属性设置。

(3) 在舞台中创作动画。

(4) 测试动画效果。

(5) 将动画文件导出为.swf 影片文件。

(6) 保存创建的.fla 动画文件。

下面将通过一个简单实例"消失的小球.fla"文件的制作,来了解完整的动画创建过程。在制作过程中,可能会用到后期的一些知识,可按步骤操作即可,其中涉及后期知识会在后面章节详细介绍。具体操作步骤如下：

(1) 启动 Flash CS6,在刚启动的欢迎用户界面上单击【新建】|【Action Script 3.0】命令,创建一个新的文档,默认名称为"未命名-1.fla"。

(2) 在工作区域空白处右击,在快捷菜单中选择【文档属性】,弹出【文档设置】对话框。在对话框中设置【尺寸】宽度为：500 像素,高度：500 像素,调整背景颜色为♯CCCCFF,其他参数保持默认设置,如图 3-13 所示。

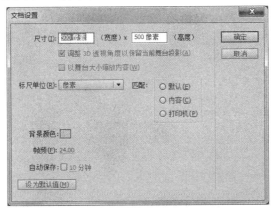

图 3-13 【文档设置】对话框的参数设置

(3) 单击【工具】面板上的【矩形工具】右下角的三角，弹出如图 3-14 所示的菜单，选择【椭圆工具】。

打开【椭圆工具】的【属性】面板，设置【笔触颜色】为无，【填充颜色】为红色到黑色的径向渐变色，如图 3-15 所示。

(4) 在舞台上用【椭圆工具】绘制一个小球，为了保证小球是圆的，在用鼠标绘制时可同时按住【Shift】键，画出的便是正圆的小球。把小球放在舞台中心，可以通过单击【对齐】按钮，弹出如图 3-16 所示的【对齐】面板。在面板上勾选【与舞台对齐】，并设置【对齐】为【水平中齐】和【垂直中齐】。

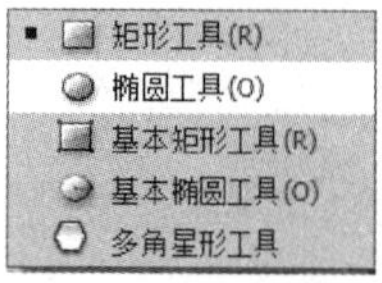

图 3-14 【矩形工具】下拉菜单

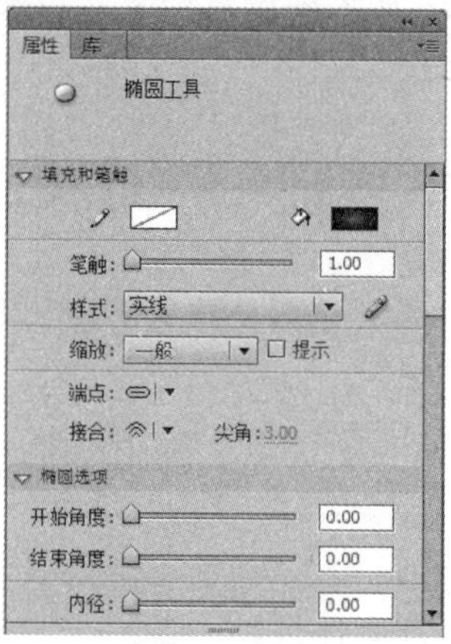

图 3-15 【椭圆工具】的【属性】面板的参数设置

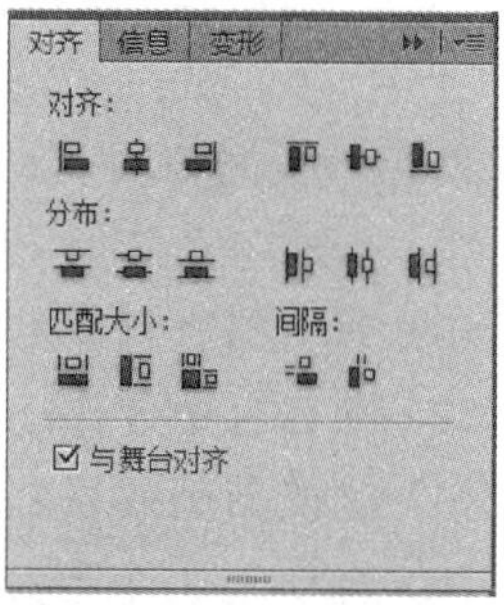

图 3-16 【对齐】面板

设置好后，舞台中心有一个小球，同时【时间轴】面板上的第 1 帧变成了实心小圆点，如图 3-17 所示。

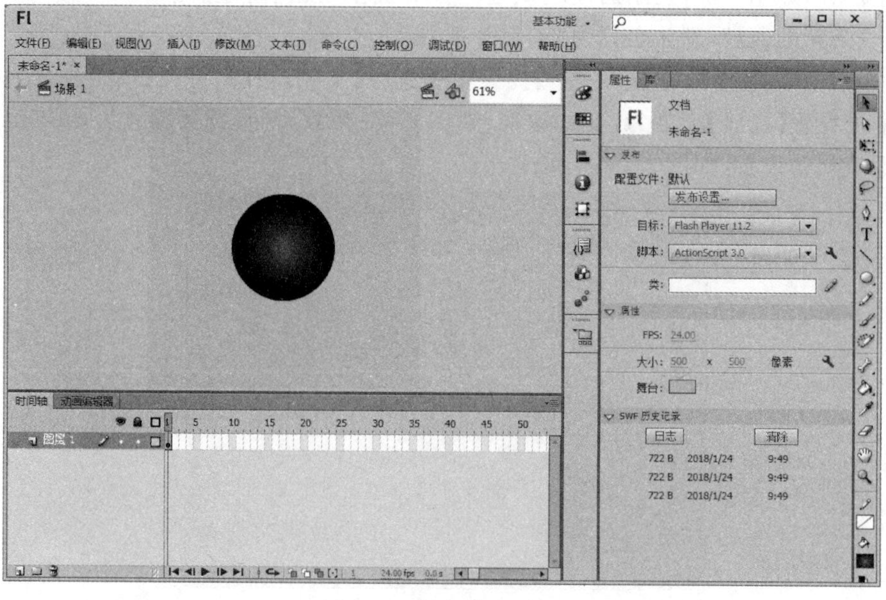

图 3-17 第 1 帧效果图

（5）选中第15帧，按【F6】键在该帧处插入关键帧，同时利用【工具】面板上的【任意变形工具】调整小球大小，将小球变小一些。在调整大小的时候，建议按住【Shift】键，同比例缩小。利用【对齐】按钮将调整了大小的小球放置在舞台中心，最后效果如图3-18所示。

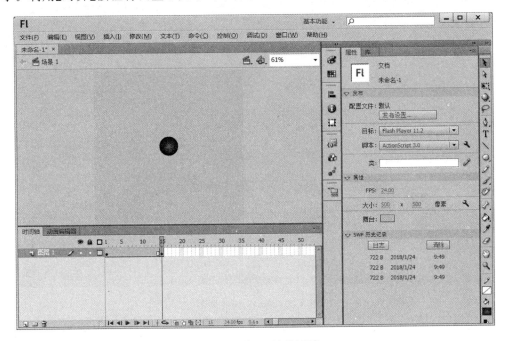

图3-18　第15帧效果图

（6）选中第30帧，按【F6】键在该帧处插入关键帧，同时按【Delete】键删除该帧上的小球，如图3-19所示。

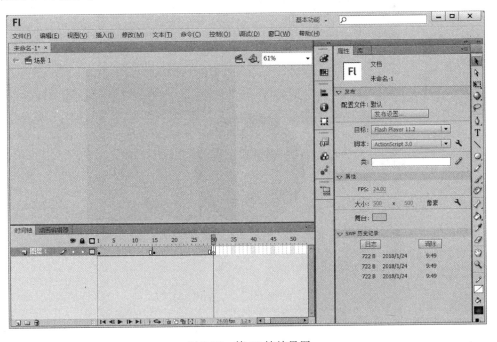

图3-19　第30帧效果图

（7）选中第45帧，按【F5】键在该帧处插入帧，如图3-20所示。

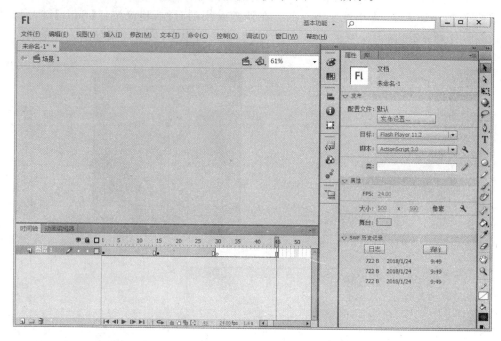

图 3-20　第 45 帧效果图

（8）动画文件已经制作完成，可以先测试下动画效果。同时按下【Ctrl】+【Enter】快捷键进行影片测试，弹出如图 3-21 所示的测试播放窗口，一个小球从大到小，然后消失，不断循环播放测试。

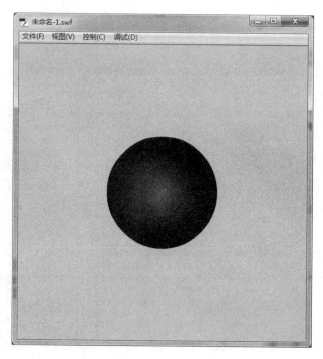

图 3-21　测试影片

（9）测试了没有问题，便可导出影片。选择【文件】|【导出】|【导出影片】命令，弹出【导出影片】对话框。设置好保存路径，例如 C 盘根目录，并在【文件名】文本框中输入"消失的小球"，如图 3-22 所示。单击【保存】按钮，则在指定的位置生成了一个名为"消失的小球.swf"的动画影片文件。

图 3-22　导出影片

（10）选择【文件】|【保存】命令，弹出【另存为】对话框，在对话框中设置好动画文件保存的路径，例如 C 盘根目录，在【文件名】文本框中输入"消失的小球"，单击【保存】按钮，则在 C 盘根目录下生成了一个名为"消失的小球.fla"的 Flash 动画源文件。

（11）至此，一个完整的 Flash 动画文件制作完成。打开 C 盘根目录，会发现两个新文件："消失的小球.swf"和"消失的小球.fla"。双击"消失的小球.swf"文件，可以在 Flash Player 动画播放器中播放刚刚制作的动画；双击"消失的小球.fla"文件，则可以在 Flash CS6 中打开该动画源文件，可以继续进行编辑和修改。

第4章 元件、库、实例

4.1 元 件

4.1.1 元件概述

元件是一种比较特殊的对象，它在 Flash 中只需要创建一次，然后可以反复使用。元件可以是静态的图形，也可以是连续的动画，元件建立后就自动成为库中的一个部分。通常应将元件当作主控对象存于库中，将元件放入影片中时使用的是主控对象的实例，而不是主控对象本身，所以修改元件的实例并不会影响元件本身。

在动画中使用元件有以下几个显著的优点：

（1）一个元件在浏览中只需要下载一次，可以加快影片的播放速度，避免重复下载同一对象，提高了效率。

（2）使用元件可以简化影片的编辑操作，可以把需要多次使用的元素制成元件。若修改元件，则由同一元件生成的所有实例都会随之更新，不必要逐一修改所有的实例，这样就大大节省了创作时间，提高了工作效率。

（3）在部分动画制作过程中，必须将图形转换成元件。

（4）元件实例是以附加信息保存的，即用文字性的信息说明实例的位置和其他属性。影片中只保存元件，而不管该影片中有多少个该元件的实例。

4.1.2 元件的类型

Flash CS6 中有三种元件类型：图形元件、按钮元件、影片剪辑。

- 图形元件可以用来重复应用静态的图片，并且图形元件也可以用到其他类型的元件当中，是 3 种元件类型中最基本的类型。
- 按钮元件一般是用来响应影片中的鼠标事件，如鼠标单击、双击、移开等，它是用来控制响应的鼠标事件的交互性特殊元件。与在网页中出现的普通按钮一样，可以用它来触发一些效果如播放、停止等。按钮元件是一种具有 4 个帧的影片剪辑。按钮元件的时间轴无法播放，它只是根据鼠标事件的不同而做出简单的响应，并转到所指向的帧。
- 影片剪辑是 Flash 中最具有交互性、用途最多及功能最强的部分。它基本上就是一个小的独立的电影，可以包含交互式控件、声音，甚至其他影片剪辑实例。可以将影片剪辑实例放在按钮元件的时间轴内，以创建动画按钮。由于影片剪辑具有独立的时间轴，所以在 Flash 中是相互独立的。如果场景中存在影片剪辑，即使影片的时间轴已经停止，影片剪辑的时间轴仍然可以继续播放。

4.1.3 新建元件

元件类型有不同，但创建方法是一致的。通过以下几种方法可以新建元件。

- 在菜单中选择【插入】|【新建元件】命令，打开【创建新元件】对话框，如图 4-1 所示。在对话框中设置元件的【名称】和【类型】，单击【确定】按钮即可。

图 4-1 【创建新元件】对话框

- 单击【库】面板下方的【新建元件】按钮 ，也可以打开如图 4-1 所示的对话框来新建元件。
- 单击【库】面板右上角的 按钮，在弹出的菜单中选择【新建元件】命令，也可以打开如图 4-1 所示的对话框来新建元件。
- 右击舞台上的对象，在快捷菜单中选择【转换为元件……】，打开【转换元件】对话框，也可以创建元件。

1. 图形

在【创建新元件】对话框中选择【图形】类型，如图 4-2 所示就可以创建图形类型的元件。

图 4-2 创建图形类型元件

进入图形元件的编辑状态后，舞台标题图标如图 4-3 所示，舞台中心出现"＋"图标。

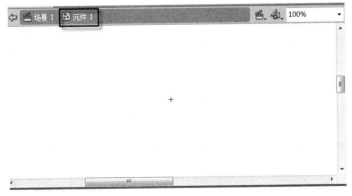

图 4-3 图形元件编辑模式

完成元件内容的制作后,在菜单栏中选择【编辑】|【编辑文档】命令,或者单击左上角的【场景1】,退出图形元件编辑模式并返回舞台中。

2. 按钮

在【创建新元件】对话框中选择【按钮】类型,如图4-4所示就可以创建按钮类型的元件。

图4-4　创建按钮类型元件

进入按钮元件编辑模式后,可以注意到除了舞台上方多出的元件名称及舞台中心的十字符号外,时间轴也发生了变化,如图4-5所示。

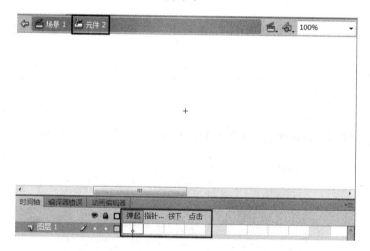

图4-5　按钮元件编辑模式

在时间轴中各帧的功能介绍如下:

【弹起】:鼠标不在按钮上时的状态,即按钮的原始状态。

【指针…】:鼠标移动到按钮上时的按钮状态。

【按下】:鼠标单击按钮时的按钮状态。

【点击】:用于设置对鼠标动作做出反应的区域,这个区域在Flash影片播放时是不会显示的。

3. 影片剪辑

在【创建新元件】对话框中选择【影片剪辑】类型,如图4-6所示就可以创建影片剪辑类型的元件。

进入影片剪辑元件的编辑状态后,舞台标题图标如图4-7所示,舞台中心出现"＋"图标。

图 4-6 创建影片剪辑类型元件

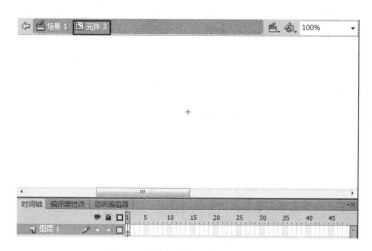

图 4-7 影片剪辑元件编辑模式

4.1.4 编辑元件

编辑元件就是对元件进行增加、减少或修改等，它与制作元件的过程基本相同。

编辑元件的方式：

（1）在【库】面板中双击需要编辑的元件。

（2）在需要编辑的元件实例上右击，在弹出的快捷菜单中选择【编辑】命令。

（3）在【库】面板中，在需要编辑的元件名称上右击，在弹出的快捷菜单中选择【编辑】命令。

（4）在场景编辑状态下，执行【编辑】|【编辑元件】命令，也可以按【Ctrl】+【E】组合键进入元件编辑。

通过双击元件与选择"在当前位置编辑"菜单命令进入的元件编辑状态是一样的，都是对周围对象淡化；而选择"编辑元件"或"编辑所选项目"菜单命令，按【Ctrl】+【E】组合键，还是通过库命令进入元件的编辑状态都是不显示舞台内容的，所以用户根据需要进入元件编辑状态。

4.1.5 元件的转换

元件被创建后，类型可以发生改变，可以在图形、按钮和影片剪辑 3 种类型之间互相转换，同时保持原有特性不变。

转换元件的步骤如下：

（1）在【库】面板中，右击需要转换的元件，在弹出的快捷菜单中选择【属性】命令。

47

（2）在【元件属性】对话框中，在【名称】输入框中可以输入新的元件名称，【类型】下拉列表中就可以修改元件类型了。

（3）单击【确定】。

4.2　库

库是元件和实例的载体，使用库不仅可以省去很多的重复性操作和其他一些不必要的麻烦，还可以减小动画文件的大小。充分使用库中包含的元素可以有效地控制文件的大小，便于 Flash 文件的传输和下载。Flash 中的库分为专用库和公用库。这两种库有着相似的方法和特点，但也有很多的不同点。

4.2.1　专用库

在制作动画的过程中，常用到的【库】中的资源素材有：图片、声音和视频等。

1. 导入图片文件

Flash 可以使用在其他应用程序中创建的插图，可以导入各种文件格式的矢量图和位图，包括 BMP、JPG、GIF、PNG 等都可以导入到【库】中。

方法是：执行【文件】|【导入】|【导入到库】命令，在打开的对话框中找到需要导入的图片文件。

2. 导入声音文件

声音文件也可以像图片文件那样导入库资源中去。支持的声音文件格式包括 WAV、MP3 等。方法同导入图片文件。

3. 导入视频文件

视频文件的导入需要系统安装了视频播放器，例如 Quick Time，才能正常导入 FLV、MOV、AVI、MPEG 等视频文件。视频剪辑可以导入为链接文件或嵌入文件。

方法是：执行【文件】|【导入】|【导入视频】命令，打开如图 4-8 所示的窗口。单击【浏览】找到需要导入的视频文件，然后单击【下一步】按钮。设定视频的外观，最后完成视频的导入。

查看【库】中导入的视频，如图 4-9 所示。在编辑后可以将导入的视频文件发布为 SWF文件进行播放。

4.2.2　公用库

在菜单栏中选择【窗口】|【公用库】命令，在其子菜单中包含有 Buttons、Classes 两个命令，如图 4-10 所示。

1. Buttons

选择 Buttons(按钮)命令，可以打开按钮库面板，其中包含多个文件夹。打开其中一个文件夹，即可看到该文件夹中包含的多个按钮文件，单击选择其中一个按钮，便可在预览窗口中预览。预览窗口中右上角的【播放】按钮■和【停止】按钮■可以用来查看按钮的效果，如图 4-11 所示。

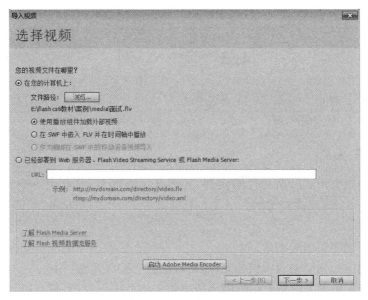

图 4-8 【导入视频】窗口

图 4-9 导入到库的视频

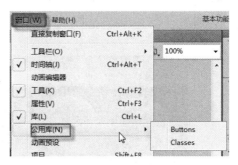

图 4-10 打开公用库

2. Classes

选择 Classes(类)命令,可以打开类库面板。其中包含如图 4-12 所示的三项。

图 4-11 打开【按钮】公用库

图 4-12 打开【类】公用库

公用库都是固化在 Flash CS6 中的内置库,对这种库不能进行改变和相应的管理。

4.3　实　　例

实例是指位于舞台上或嵌套在另外一个元件中的元件副本。实例可以与元件在颜色、大小和功能上存在很大的差别。

4.3.1　创建实例

在 Flash 动画中用到的是元件的实例,并不是元件本身,只有把一个元件添加到场景中,即是创建了一个该元件的实例。

创建实例的方法:

(1) 打开要创建实例的场景。

(2) 在【库】中找到要创建实例的元件,用鼠标把它拖曳到场景中。

(3) 动画设计中如需要则在【属性】面板中给实例进行命名,如图 4-13 所示。

注意:图形元件的实例对应的属性面板中无法对实例命名,只有按钮元件和影片剪辑元件的实例可以在属性面板中命名。

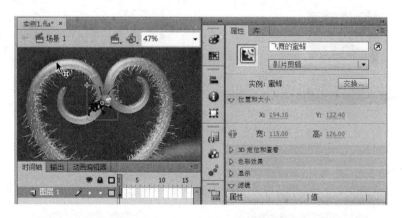

图 4-13　实例的命名

4.3.2　替换实例

替换实例是为场景中的实例指定不同的元件。交换元件后,新的实例将保留所有的被替换实例的属性。简单来说就是在原实例上所做的所有效果都将保留在替换的新实例上。

(1) 选中要交换的实例——"飞舞的蜜蜂",如图 4-14 所示,单击【交换】按钮。

(2) 打开【交换元件】对话框,如图 4-15 所示,在元件列表中选择要交换的元件。

(3) 单击【确定】按钮,观察属性面板。实例名称没有发生改变,但场景中的实例内容已经发生了更改,如图 4-16 所示。

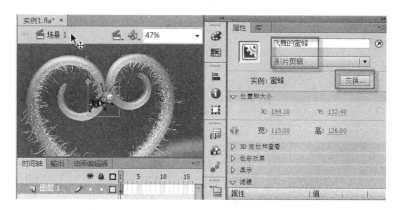

图 4-14　选中要交换的实例

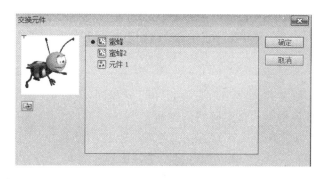

图 4-15　【交换元件】窗口

图 4-16　替换了的实例

4.3.3　实例的属性设置

实例是元件的副本,所以修改一个实例的属性不会对元件本身产生任何影响。在实例的【属性】面板里面,可以对实例的位置和大小、3D 定位和查看、色彩效果、显示和滤镜等属性进行修改,如图 4-17 所示。

1."图形"实例的属性设置

在舞台中选中"图形"实例后,属性面板中将显示图形实例的相关属性,如图 4-18 所示。

图 4-17　实例的属性窗口

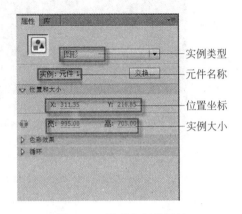

图 4-18　图形实例的属性

- 位置和大小：位置和大小与信息面板中设置相同，可以通过该属性的设置精确调整实例的位置和大小。
- 色彩效果：可以设置样式有无、亮度、色调、高级、Alpha，如图 4-19 所示。

"无"：系统默认时的选项设置，不会对所选实例产生任何影响。

图 4-19　色彩和效果

"亮度"：用于设置实例的颜色亮度。可以调整如图 4-20 所示的亮度滑块，参数值越大，颜色越亮，当参数值为 100％时，实例的颜色为白色；参数值越小，颜色越暗，当为－100％时，实例的颜色为黑色。

"色调"：用于在同一色调的基础上调整实例的颜色，其选项如图 4-21 所示。

图 4-20　亮度参数设置

图 4-21　色调

色块：单击该色块，在弹出的颜色调色板中进行选择，可以设置色调的颜色。

色调用于设置实例色调的饱和程度，当参数值为 100％时，实例的颜色为完全饱和状态；当参数值为 0％时，实例的颜色为透明饱和状态。红、绿、蓝同色块的作用。

高级：通过分别调节红、绿、蓝和透明度值对实例进行综合设置。该项在制作具有微妙色彩效果的动画时十分有效，相关选项如图 4-22 所示。

Alpha：用于调整实例的透明值。选择该项后，界面如图 4-23 所示。

参数越小越透明，参数越大越不透明，即 0％时完全透明，100％时完全不透明。

图 4-22　高级选项

图 4-23　Alpha 值

- 循环：可以用于设置所选实例的播放状态。具体如图 4-24 所示。

选项包括了"循环""播放一次""单帧"几个选项，如图 4-25 所示。

图 4-24　循环属性

图 4-25　循环选项

循环：用于设置图形实例中的动画在时间轴上循环播放。

播放一次：用于设置图形实例的动画在时间轴上只播放一次。

单帧：用于设置图形实例的动画在时间轴上只显示一帧的画面。

2. "影片剪辑"实例的属性设置

在舞台中选中"影片剪辑"实例后，【属性】面板中将显示影片剪辑实例的相关属性，如图 4-26 所示。

- 位置和大小：同"图形"实例的相应属性，与信息面板中设置相同。可以通过该属性的设置精确调整实例的大小和位置。
- 3D 定位和查看：用于设置影片剪辑实例的 3D 位置、透视角度、消失点等，如图 4-27 所示。

图 4-26　影片剪辑属性

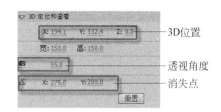

图 4-27　3D 定位和查看

- 色彩效果：该选项可以对所选实例进行颜色和透明度等属性设置。样式选项如图 4-28 所示。功能设置如"图形"实例的属性设置。
- 显示：可以为所选实例添加混合效果，混合可以将两个叠加在一起的对象产生混合重叠颜色的独特效果。【显示】面板如图 4-29 所示。【混合】列表如图 4-30 所示。

图 4-28　色彩效果　　　　　图 4-29　【显示】面板　　　　图 4-30　【混合】列表

一般：系统默认时的混合模式，常应用于颜色，与基准颜色没有互相关系。

图层：该混合模式可以层叠各个影片剪辑而不影响其各自的颜色。

变暗：该混合模式可以使比混合对象颜色亮的区域变暗，使比混合对象颜色暗的区域不变。用于对对象进行变暗处理，其变暗的程度取决于对象中暗的部分。

正片叠底：该混合模式用于将基准颜色与混合颜色复合，从而产生较暗的颜色。

变亮：与变暗相反。其变亮的程度取决于对象中亮的部分。

滤色：将混合颜色的反色与基准色复合，从而产生漂白效果。

叠加：用于复合或过滤颜色，具体操作需取决于基准颜色。

强光：用于复合或过滤颜色，具体取决于混合模式颜色，产生的效果类似于点光源照射对象。

增加：用于将混合后的颜色与混合颜色相加。

减去：用于将混合后的颜色与混合颜色相减。

差值：用于将混合后的颜色减去混合颜色，或从混合颜色中减去混合后的对象颜色，具体取决于哪个的亮度值较大，从而产生类似于彩色底片的效果。

反相：用于反转基准颜色。

Alpha：用于 Alpha 遮罩层，该对象将是不可见状态。

擦除：用于删除所有基准颜色像素，包括背景中的颜色。

3.“按钮”实例的属性设置

与前面介绍的“影片剪辑”实例的属性比，按钮的属性设置少了“3D 定位和查看”选项，多了一个“音轨”，如图 4-31 所示。音轨选项有“音轨作为按钮”和“音轨作为菜单项”两项。

图 4-31　“按钮”实例的属性设置

4.3.4　元件与实例

实例是指位于舞台上或嵌套在另外一个元件中的元件副本。修改元件即可修改该元件的所有实例,但修改单个的实例的属性却不会对元件产生任何影响。实例是一个完整的整体,可以独立于元件,即分离实例,可以断开实例与元件之间的链接,修改元件不会对分离后的实例产生影响。

举例说明。

(1) 在场景中拖入一个元件1的实例并修改元件1,用矩形工具给图片添加一个黑色边框,可以看到实例的图片周围也添加了一个黑色边框,如图4-32所示。

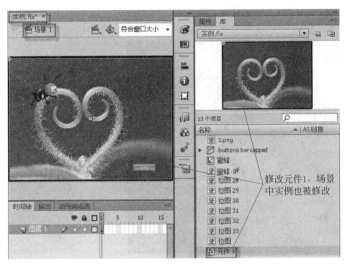

图 4-32　元件和实例同时被修改

(2) 同样的方法,在场景中拖入一个元件1的实例,选中实例,用【修改】|【分离】,分离实例和元件的链接。修改元件1,用矩形工具给图片添加一个黑色边框,可以看到实例的图片周围并没有添加了一个黑色边框,如图4-33所示。

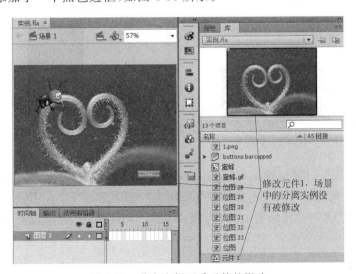

图 4-33　分离实例不受元件的影响

4.4 章节实训——绘制一朵花

利用前面所学习的绘图知识及元件和实例的知识,现在完成一个案例的制作。其步骤如下:

(1)新建一个文档,设置文档属性,舞台背景为黑色。保存文档为"鲜花.fla"。

(2)执行【插入】|【新建元件】|【图形元件】命令,命名为"花瓣1"。在元件中,利用【椭圆工具】和【选择工具】绘制如图4-34所示的花瓣。注意颜色设置为"线性渐变",色标如图4-35所示,其中3个色标的值分别为"♯FFCCFF""♯E27BCC"和"♯BA739F"。

图 4-34　花瓣 1

图 4-35　色标的颜色值

(3)用同样的方法绘制"花瓣2"图形元件,如图4-36所示。

(4)绘制"花茎",用【线条工具】,设置颜色为"♯308026",绘制绿色的线段,用【选择工具】拖直线段为稍微弯曲形状,如花茎一样自然弯曲,如图4-37所示。

图 4-36　花瓣 2

图 4-37　花茎

(5)绘制"花蕊"。用【椭圆工具】绘制一个椭圆,用【选择工具】拖动椭圆的边,注意先设置填充颜色为"径向渐变",两个色标的颜色依次为"♯8D2E55"和"♯4D0E23",如图4-38所示,"笔触颜色"为"无"。用【画笔工具】,设置颜色为"♯333300",在椭圆上随机点几个点,如图4-39所示。

图 4-38　花蕊色标颜色值

图 4-39　花蕊

（6）组合"花朵"。执行【插入】|【新建元件】|【图形】命令，插入"花朵"图形元件，分别拖入前面步骤绘制的"花瓣1""花茎""花蕊"和"花瓣2"，用【任意变形工具】调整实例的大小、位置和方向。如果拖入的顺序不合适，可以调整排列顺序，让最后的花朵看起来更自然即可，具体如图4-40所示。

（7）制作"摇摆的花"。执行【插入】|【新建元件】|【影片剪辑】命令，制作"摇摆的花"影片剪辑。用【选择工具】从【库】面板中把"花朵"元件拖入到舞台中，把变形中心拖放到花茎的最下部，如图4-41所示。这样就让花在摇摆的时候以花茎的下部为中心，不会发生位移。

图 4-40　花朵

图 4-41　改变变形中心

（8）实现花朵的摇摆。在第10帧处插入关键帧，用【任意变形工具】往右旋转花朵，复制第一帧，到第20帧处粘贴帧。右击第1～第10帧中间任意一帧，在快捷菜单中选择创建传统补间；右击第11～第20帧中间任意一帧，在快捷菜单中选择创建传统补间。最后，完成"摇摆的花"影片剪辑的实现。

（9）回到场景1，拖入影片剪辑元件"摇摆的花"到舞台中，按【Ctrl】+【Enter】快捷键测试动画效果，满意后保存文档。

第5章 基础动画

5.1 动 画 基 础

5.1.1 动画基本原理

动画是将静止的画面变为动态效果的一种技术手段,动画的基本原理是人眼的视像暂留效应。所谓视像暂留,是指人眼在观察景物时,当看到的影像消失后,人眼仍能继续保留其影像为 0.1～0.4 秒左右的图像,形成残留的视觉后像。利用人的这种视觉生理特性可制作出具有高度想象力和表现力的动画影片。

Flash 的动画包括许多独立的帧,关键帧定义了动画在哪儿发生改变,例如何时移动或旋转对象、改变对象大小、增加对象、减少对象等。每一个关键帧都包含了任意数量的图形。当移动时间轴上的播放头,用户在场景上所看到的就是每帧的图像内容。当帧以足够快的速度放映时就会产生运动的视错觉,从而形成动画效果。如图 5-1 所示为小孩走路分解动作的逐帧动画效果。

图 5-1 Flash 动画基本原理

5.1.2 Flash CS6 动画制作相关概念

1. 时间轴

时间轴是 Flash 动画制作中一个相当重要的概念,时间轴包括图层与动画帧。

(1) 图层

用于确定舞台上各个对象的叠放层次。Flash 可以将舞台内容的每一个部分置于不同的图层中,由这些图层叠放在一起形成完整的舞台内容,用户可以独立地对每一个图层中的内容进行修改编辑和效果处理等操作,而对其他图层没有任何影响。如图 5-2 所示,"放大镜"图案在图层 2 上,"福娃"图案在图层 1 上,编辑修改"放大镜"图案不会对"福娃"图案产生影响。

与 Photoshop 中图层操作方式类似,图 5-3 展示了 Flash 图层相关基本操作。

(2) 动画帧

① 动画帧的概念。

动画帧,简称帧。Flash 动画是由一系列帧连续播放产生的一种视觉效果,产生动画最

图 5-2　Flash 图层概念

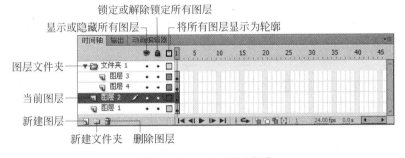

图 5-3　Flash 图层基本操作

基本的元素正是那些帧静止的图片,其外在特征为时间轴上一个个小方格,成为制作 Flash 动画的核心。动画帧用于确定各个对象的出场顺序,以记载动画的变化规律,如图 5-4 所示。

② 动画帧类型。

Flash 中帧的类型主要有关键帧、空白关键帧和普通帧 3 种,如图 5-5 所示。

关键帧:关键帧是制作动画的基本元素,任何一段动画,都是在两个或多个关键帧之间进行。插入方法:鼠标右键单击动画帧,在弹出的下拉菜单中单选【插入关键帧】选项。

空白关键帧:通过空白关键帧,可以结束前面的关键帧,为创建下一段新的动画打基础。插入方法:鼠标右键单击动画帧,在弹出的下拉菜单中单选【插入空白关键帧】选项。

普通帧:起到延长关键帧的播放时间的效果。插入方法:鼠标右键单击动画帧,在弹出的下拉菜单中单选【插入帧】选项。

③ 动画帧的基本操作。

选择单个帧:将鼠标指针移动到时间轴需要选择的帧上方,单击鼠标左键即可选择该帧。

图 5-4　Flash 动画帧记载动画变化规律

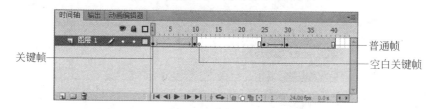

图 5-5　普通帧、关键帧与空白关键帧在时间轴中的显示状态

　　同时选择多个不相连的帧：选择一帧后，按住【Ctrl】键的同时单击要选择的帧即可选择多个不连续的帧。

　　同时选择多个相连的帧：选择一帧后，按住【Shift】键的同时按住鼠标左键不放，在时间轴上拖动选中要选择的多个相连的帧。

　　复制和粘贴帧：执行复制帧操作时，选择需复制的帧，单击鼠标右键，选择【复制帧】选项即可；执行粘贴帧操作时，选择需粘贴的帧，单击鼠标右键，选择【粘贴帧】选项即可。

　　删除和清除帧：执行删除帧操作时，选择需删除的帧，单击鼠标右键，选择【删除帧】选项即可；执行清除帧操作时，选择需清除的帧，单击鼠标右键，选择【清除帧】选项即可。

　　移动帧：选择需要移动的帧，按住鼠标左键不放将其拖动到需要放置的位置。

　　翻转帧：执行翻转帧操作时，选择需翻转的帧，单击鼠标右键选择【翻转帧】选项即可。

　　2. 帧频

　　在 Flash 中将每一秒钟播放的帧数称为帧频，也就是说，帧频就是动画播放的速度，以每秒播放的帧数为度量单位。默认情况下，Flash CS6 的帧频是 24 帧/秒，即每一秒钟要播放动画中 24 帧的画面。如果动画有 72 帧,那么动画播放的时间就是 3 秒。

帧频的单位是 fps,时间轴和【属性】面板中都会显示帧频。设置帧频就是设置动画的播放速度,帧频越大,播放速度越快;相反,帧频越小,播放速度越慢。

5.1.3 Flash CS6 动画编辑器设置

当创建补间动画时,可以使用动画编辑器,其面板位于场景的正下方,如图 5-6 所示。在动画编辑器中可以实现创建自定义缓动曲线、设置各属性关键帧的值、重置各属性或属性类别、向各个属性和属性类别添加不同的预设缓动等操作。

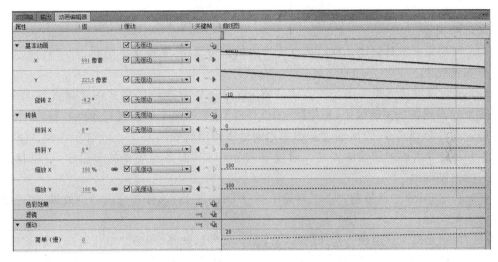

图 5-6 动画编辑器选项卡

在动画编辑器中,可以精确地调整动画的属性值。动画编辑器一共有五个可调项目,每个属性在关键帧一栏中都有两个三角形按钮,这些按钮是用来控制跳转到另一个关键帧,中间菱形按钮用于添加和删除关键帧。当我们选择关键帧后,将鼠标放到前面蓝色的数值上会出现双箭头,这时我们就可以左右拖动这个数值,或者双击这个蓝色数值,在文本框中直接输入数值即可。例如,在基本动画的下面,我们可以为补间设置相应缓动效果。若要使用这些效果,在弹出的菜单中有很多内置效果,可以选一个效果进行添加,然后再调整数值即可。

5.2 逐 帧 动 画

5.2.1 逐帧动画概念与基本原理

所谓逐帧动画,指的就是由一系列不带补间的关键帧或关键帧对应的延续帧(普通帧)所构成的动画,对于逐帧动画,我们需要用一个一个的关键帧去制作,中间不需要插入过渡帧,从而形成一种特殊效果。因此,逐帧动画也是最烦琐的一种动画制作方法。其主要特点归结为(如图 5-7 所示):

(1)在时间帧上逐帧绘制帧内的动画对象形态或动作变化及场景内容。

(2)逐帧动画在时间帧上表现为连续出现的关键帧或该关键帧的延续帧(普通帧)。

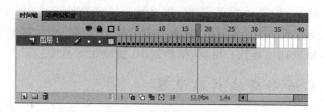

图 5-7　逐帧动画时间轴展示

创建逐帧动画的几种方法：

（1）直接绘制矢量图形。它是指根据要求在场景舞台上一帧一帧地绘制、修改、调整相应的关键帧内容。

（2）利用文字工具创建。利用文字工具逐帧创建文字，实现文字书写、打字效果、旋转、跳跃等多种效果。

（3）通过逐帧导入静态图片的方式。将 jpg、png 等静态位图格式图片导入到库中，再分别逐个导入到各个关键帧中，利用【绘图纸外观】、【编辑多个帧】及【对齐工具】将多个帧的多个静态图片分别对齐，完成通过静态图片创建逐帧动画效果。

（4）通过导入序列图像的方式。通过导入 jpg 序列图像至场景的舞台中，可以自动生成相应的逐帧动画。

（5）利用 Deco 工具绘制。在工具箱中选择 Deco 工具，选择相应的动画效果，即可绘制相应的逐帧动画。

（6）利用元件工具绘制。选择【插入】|【新建元件】，选择"图形""影片剪辑"或"按钮"元件；进入元件内部，完成绘制；然后逐个插入关键帧，通过任意变形工具，调整逐帧元件的位置、大小等状态，即可利用元件完成逐帧动画的绘制。

5.2.2　章节实训——雨巷

该动画通过文字逐帧动画的方式，实现"雨巷"诗朗诵效果。制作步骤如下：

（1）启动 Flash CS6，执行【文件】|【新建】|【ActionScript 3.0】命令，然后单击【确定】按钮，即可新建一个影片文档。设置文档大小为 650 像素×500 像素，FPS（帧频）为 10 帧/秒。

（2）选择"图层 1"的第 1 个空白关键帧，执行【文件】|【导入】|【导入到舞台】命令，将背景图片导入到舞台上。然后选择【对齐】面板，勾选【与舞台对齐】选项，分别单击【匹配宽和高】、【水平居中】、【垂直居中】选项，将所选的背景图片对齐到舞台，且与舞台大小匹配。然后将"图层 1"重命名为"背景"，具体如图 5-8 所示。

（3）创建一个名为"作者"的图层，在"作者"图层第 15 帧处，右键单击鼠标，选择【插入空白关键帧】选项，然后在"作者"图层第 50 帧处，右键单击鼠标，选择【插入帧】选项，输入静态文字"戴望舒"，设置字体大小为 58 点，字体样式为华文行楷，文字颜色为绿色。在"背景"图层第 50 帧处，右键单击鼠标，选择【插入帧】选项，该方法可以起到延续帧的效果，如图 5-9 所示。

（4）创建一个名为"文字"的图层，在"文字"图层的第 51 帧处插入空白关键帧，输入如下段落文字："撑着油纸伞，独自彷徨在悠长、悠长又寂寥的雨巷，我希望逢着，一个丁香一样的，结着愁怨的姑娘。"按快捷键【Ctrl】+【B】将文字打散一次，在"文字"图层的第 52 帧处

图 5-8 "背景"图层的创建

图 5-9 "作者"图层的创建

插入关键帧,保存该段落文字副本。然后将播放头移动至"文字"图层的第 51 帧处,删除其余文字,仅保留文字"撑",按快捷键【Ctrl】+【B】将文字打散为散件。随后将背景图层延续到该帧处,锁定"作者"图层及"背景"图层,如图 5-10 所示。

图 5-10　"文字"图层及第一个文字创建

（5）在"文字"图层第 53 帧处插入关键帧，保存该段落文字副本。然后将播放头移动至"文字"图层的第 52 帧处，删除其余文字，仅保留文字"撑着"，按快捷键【Ctrl】+【B】将文字打散。随后将背景图层延续到该帧处，锁定"作者"图层及"背景"图层，如图 5-11 所示。

图 5-11　"文字"图层及第二个文字创建

（6）仿照步骤（5）的方法，依次在后续各个关键帧处建立各个文字逐步显示的效果，其效果如图 5-12 所示。

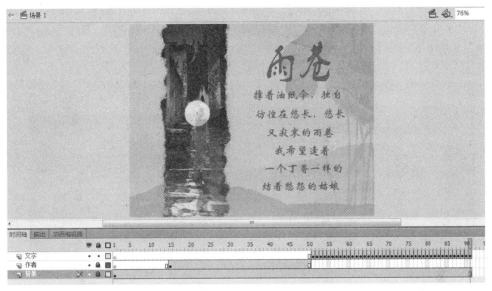

图 5-12　"文字"图层及最终文字创建

（7）测试存盘。执行【控制】|【测试影片】|【测试】命令（快捷键【Ctrl】＋【Enter】），即可导出. swf 格式的播放文件，测试动画效果如图 5-13 所示。

图 5-13　戴望舒"雨巷"动画演示效果

5.2.3　章节实训——亲爱的小孩

该动画通过图片逐帧动画的方式，实现小孩原地踏步走效果，制作步骤如下：
（1）新建 240 像素×320 像素大小文档，设置帧频为 12 帧/秒。将背景图片导入到舞台,在"背景"图层的第 1 帧处,利用【对齐工具】面板,将背景与舞台匹配大小对齐,具体如图 5-14 所示。

(2) 创建一个图层,重命名为"影子"图层,在"影子"图层的第 1 帧处,用【椭圆工具】绘制一个大小合适的椭圆,笔触颜色:无,填充颜色:黑色到透明色渐变,其中左端色标颜色为黑色,透明度为 90%,右端色标颜色为黑色,透明度为 0%,渐变方式为径向渐变,如图 5-15 所示。

图 5-14 "背景"图层设置

图 5-15 "影子"图层设置

(3) 执行【文件】|【导入】|【导入到库】命令,将人物素材导入到库中,如图 5-16 所示。

(4) 创建"人物"图层,在该图层 1~8 帧处分别逐次插入空白关键帧,在每个关键帧的舞台上依次放置图片 00001.jpg~00008.jpg,并将"影子"图层、"背景"图层分别延续至第 8 帧,如图 5-17 所示。

(5) 使用【绘图纸外观】。单击任务栏处的【绘图纸外观】按钮,然后单击【修改标记】按钮,选择【标记整个范围】选项,此时可以同时看到各个帧处的人物动作,不难看出,各个帧处人物在舞台上的位置是凌乱的,选中帧处人物是不透明,其余帧处人物是半透明状态,如图 5-18 所示。

(6) 编辑多个帧操作。锁定"影子"图层及"背景"图层,单击状态栏处的【编辑多个帧】按钮,此时所有帧处的人物均为不透明状态。鼠标单击"人物"图层的第 1 帧,按住【Shift】键,单击"人物"图层第 8 帧,被选中的所有帧上的对象周围均显示蓝框,表明该对象被选中,如图 5-19 所示。

(7) 对齐操作。执行【窗口】|【对齐】命令,打开【对齐】面板,依次单击【水平对齐】、【垂直对齐】按钮。至此,各个帧处的人物完成对齐操作,如图 5-20 所示。

图 5-16　人物素材导入

图 5-17　逐帧人物动作创建

图 5-18　利用【绘图纸外观】查看多个帧

图 5-19　编辑多个帧操作

（8）测试存盘。按快捷键【Ctrl】＋【Enter】，测试动画效果如图 5-21 所示。

图 5-20　对齐操作　　　　　　　　　　　图 5-21　"亲爱的小孩"动画演示效果

注意事项：
（1）逐帧动画所涉及内容都需要创作编辑，任务量比较大，随之动画文件也比较大。
（2）制作逐帧动画无论帧里文件是散件、元件、图形或者位图均可，这与形变动画、补间动画不同。
（3）逐帧动画往往前后帧内容差别不大，可以使用【绘图纸外观】观察前后帧内容的变化，以及对齐等操作，以精确把握动画效果。

5.3　形状补间动画

5.3.1　形状补间动画概念与基本原理

形变动画使一个打散的图形随着时间改变而变成另一个基本形状，创建类似于形变的效果，形变动画可以设置形状的位置、大小和颜色。与运动动画不同的是，形变动画的对象是分离后的矢量图，可以是同一层上的多个图形，也可以是单个图形，但一般来说，要让多个对象同时变形，把它们放在不同的图层上分别变形比放在同一图层上进行变形得到的效果好得多。如果实例、组合、文本块或位图想要进行形变动画，必须先执行【修改】|【分离】命令，使之变成打散的矢量图，然后才能进行变形。

形状补间动画的种类：
（1）从一种图形逐渐变换到另一个图形。
（2）图形对象本身形状发生变化。

形状补间动画的制作思路：
（1）在动画开始帧插入空白关键帧并制作图形对象，如果不是图形对象，则需要使用菜

单栏的【修改】|【分离】命令进行打散。

（2）如动画对象本身变形,在动画结束帧插入关键帧,修改对象最终形状;如属于从一图形变为另一图形,则需在动画结束帧插入空白关键帧,导入或制作新的最终的图形。

（3）在动画开始帧与结束帧之间任选一帧,右击鼠标在其弹出菜单栏中选择【创建补间形状】选项,即可为该帧序列创建形状补间动画。

5.3.2　章节实训——文字变形

该动画通过形状补间动画的方式,实现文字变形效果。制作步骤如下:

（1）新建 550 像素×400 像素大小文档,设置帧频为 9 帧/秒。在图层 1 的第 1 帧处输入静态文本:乐山师范学院,设置文字大小为 35 点,文字样式为华文楷体。执行【Ctrl】+【B】操作一次,将文字打散一次。然后在【对齐】面板中勾选【与舞台对齐】,单击【水平居中分布】按钮。

（2）执行【修改】|【时间轴】|【分散到图层】命令,将每个文字分散到不同图层,如图 5-22 所示。

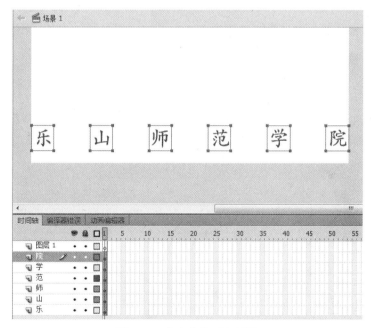

图 5-22　文字分散至各图层

（3）删除"图层 1"空白图层,按住【Shift】键连续选中所有图层,执行【Ctrl】+【B】操作,将各个文字对象转化为散件对象。在图层"院"的第 25 帧处插入空白关键帧,利用椭圆工具,按住【Shift】键拖动绘制一个大小合适的正圆,设置笔触颜色:无,填充颜色绿色至黑色径向渐变。

（4）选中图层"院"的第 25 帧处小球对象,按住【Ctrl】+【C】快捷键复制该对象,在其余各图层的第 25 帧处分别插入空白关键帧,按住【Ctrl】+【Shift】+【V】快捷键原位粘贴至其余各图层的第 25 帧处。然后按住【Shift】键连续选中所有图层第 25 帧处对象,在【对齐】面板中勾选【与舞台对齐】,单击【水平居中分布】按钮,效果如图 5-23 所示。

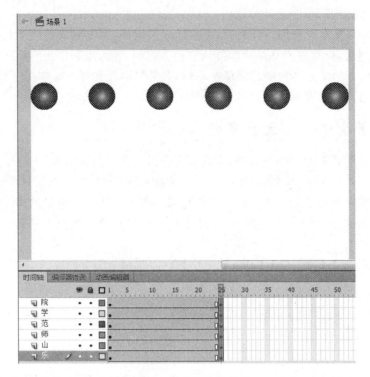

图 5-23　结束帧对象绘制

（5）鼠标单击图层"院"的 1～25 帧之间的某一帧，鼠标单击右键，选择【创建补间形状】命令，其余图层做同样操作。此时，经创建补间形状的图层变为绿色，效果如图 5-24 所示。

图 5-24　补间形状动画的创建

（6）单击图层"院"的第 1 帧，按住【Shift】键，再单击图层"乐"的最后 1 帧，至此选中所有帧。然后单击鼠标右键，执行【翻转帧】命令，实现小球到文字的变形效果。利用【绘图纸外观】还可观察动画的变化过程，如图 5-25 所示。

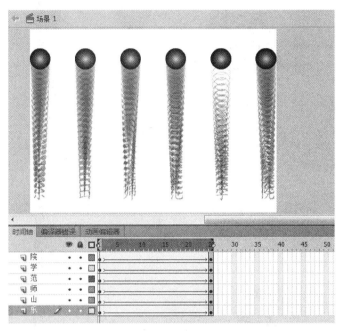

图 5-25 "文字变形"动画效果演示

5.3.3 章节实训——字母立体旋转变形效果

该动画通过为形状补间动画添加形状提示点的方式，实现字母立体旋转变形效果。制作步骤如下：

（1）新建 550 像素×400 像素大小文档，设置帧频为 24 帧/秒。在"图层 1"的第 1 帧处，利用文本工具输入静态文本"A"，设置字体样式为 Arial，字体大小为 200 点，文字颜色为蓝色，连续执行两次【Ctrl】+【B】操作将文字变为散件对象。在"图层 1"的第 40 帧处，利用文本工具输入静态文本"B"，设置字体样式为 Arial，字体大小为 200 点，文字颜色为蓝色，连续执行两次【Ctrl】+【B】操作将文字变为散件对象。

（2）在第 1～40 帧之间的某一帧处，单击鼠标右键，选择【创建补间形状】命令，完成补间形状动画的创建，如图 5-26 所示。

（3）形状补间动画设置完成后，继续设置形状提示点。鼠标单击起始帧，选择【修改】|【形状】|【添加形状提示】操作，为对象"A"添加形状提示点。如果没看到形状提示点，则可以执行【视图】|【显示形状提示】操作，添加形状提示点快捷键：【Ctrl】+【Shift】+【H】。重复上述操作，为对象"A"添加 3 个形状提示点 a、b、c，并放置在对象"A"的对应位置。此时，可以观察到，开始帧上新添加的形状提示点为红圈显示，如图 5-27 所示。

（4）鼠标单击结束帧，改变对象"B"上 3 个形状提示点 a、b、c 的位置。此时，可以观察到，结束帧上已设置的形状提示点标志由原先红色变为绿色，开始帧上已设置的形状提示点由原先红色变为黄色，表明匹配成功，如图 5-28、图 5-29 所示。

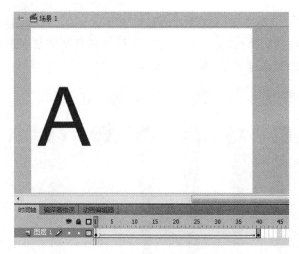

图 5-26　字母变形效果补间动画创建

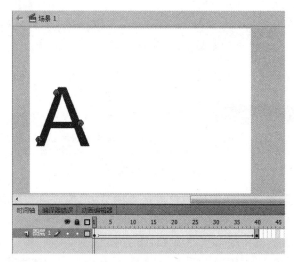

图 5-27　形状提示点的添加

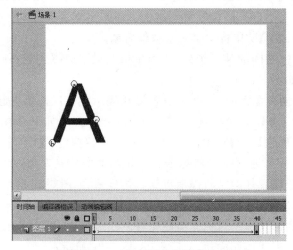

图 5-28　开始帧形状提示点匹配

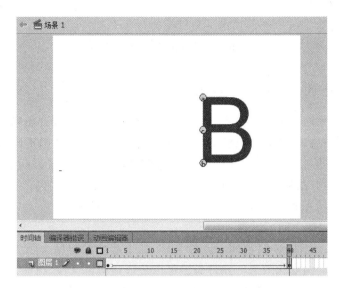

图 5-29　结束帧形状提示点匹配

（5）至此，字母立体旋转变形动画效果制作完成，取消勾选【视图】|【显示形状提示】，利用【绘图纸外观】观察动画的变化过程，如图 5-30 所示。

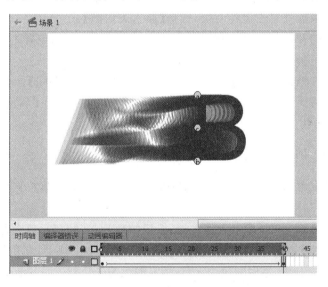

图 5-30　动画效果演示

注意事项：
（1）形状提示点的添加必须建立在已经创建补间形状动画的基础上。
（2）形状提示点在变形开始帧添加，在变形结束帧会自动显示一一对应的标识。
（3）开始帧新添加形状提示点为红色圈，结束帧移动形状提示点后，结束帧上已设置的形状提示点标志由原先红色变为绿色，开始帧上已设置的形状提示点由原先红色变为黄色，表明匹配成功。
（4）执行【修改】|【形状】|【添加形状提示】操作可添加形状提示点；执行【修改】|【形状】|【删除所有提示】操作可删除所有形状提示点；勾选【视图】|【显示形状提示】操作可以显示形状提示点；取消勾选【视图】|【显示形状提示】操作可以隐藏形状提示点。

5.4 传统补间动画

5.4.1 传统补间动画概念与基本原理

传统补间动画采用 Flash 传统补间技术,其关键在于确定序列开始帧和结束帧,可实现动画对象的移动、缩放、颜色(亮度、色调、透明度)变化。与逐帧动画不同,传统补间动画只需编辑首尾两帧上的对象,中间的变化过程由过渡帧来完成。传统补间动画首尾两帧上的对象必须是元件实例(图形、影片剪辑、按钮),且是同一个元件的实例。

传统补间动画具有如下特点:

(1) 在两个关键帧之间的动画。

(2) 主体必须是元件,一般为同一元件实例,如果起始帧与结束帧为不同元件实例,将会产生极为突兀的动画变化效果。元件对象可以是影片剪辑元件、图形元件或按钮元件,如果不是元件,则需要转换成元件才能创建传统补间动画。

(3) 能实现位置缓动、颜色、大小、不透明度等特征的变化。

传统补间动画的创建步骤大致如下:

(1) 在起始帧处单击鼠标右键,选择【插入空白关键帧】,在该帧的舞台上放置元件实例。

(2) 在动画结束帧处单击鼠标右键,选择【插入关键帧】。

(3) 更改动画的开始帧和结束帧处元件对象实例的属性,如位置、大小、亮度、色调、透明度等。

(4) 在开始帧和结束帧之间单击鼠标右键,选择【创建传统补间】。

(5) 可以根据需要,在开始帧和结束帧之间单击鼠标左键,在【属性】面板中,设置"缓动""旋转"等动画属性。

5.4.2 章节实训——笑脸与哭脸

该动画通过为传统补间动画设置缓动属性,实现笑脸哭脸起落及笑脸哭脸互换效果,制作步骤如下:

(1) 新建 550 像素×800 像素大小文档,设置帧频为 12 帧/秒,舞台背景色为黑色。

(2) 将"图层 1"重命名为"阴影"图层,在"阴影"图层第 1 帧上,利用【椭圆工具】绘制一个大小合适的椭圆。其中,笔触颜色为无色,填充颜色为灰色到透明的渐变填充,如图 5-31 所示,左端点颜色代码为: #696969,透明度 100%;右端点颜色代码为: #696969,透明度 0%;

(3) 选中该阴影对象散件,单击鼠标右键,在弹出的对话框中选择【转换为元件】命令,在弹出的对话框中,重命名为"阴影",将该阴影对象转换为图形元件。

(4) 创建"脸"图层,在该图层的第 1 帧上,利用【椭圆工具】,按住【Shift】键,在舞台顶部中央位置绘制一个大小合适的正圆。其中,笔触颜色为无色,填充颜色为黄色;结合线条工具(线条笔触大小为 4 点)及选择工具,绘制简单的曲线,分别作为人物的眼睛、鼻子、嘴。

(5) 笑脸绘制完成后,选中该笑脸对象散件,单击鼠标右键,在弹出的对话框中选择【转换为元件】命令,在弹出的对话框中,重命名为"笑脸",将该笑脸对象转换为图形元件,如图 5-32 所示。

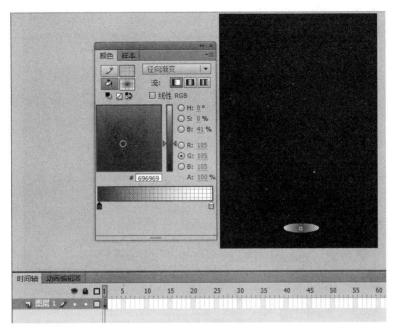

图 5-31　阴影图案绘制

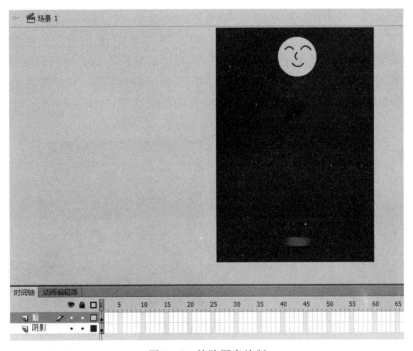

图 5-32　笑脸图案绘制

（6）在库中选择"笑脸"元件，单击鼠标右键，在弹出的对话框中选择【直接复制】操作，即可生成"笑脸"元件副本，将该元件副本重命名为"哭脸"，鼠标双击"哭脸"元件进入元件内部，利用【选择工具】将线条调整为哭脸形态，利用【刷子工具】为哭脸绘制"泪水"图案，如图 5-33 所示。

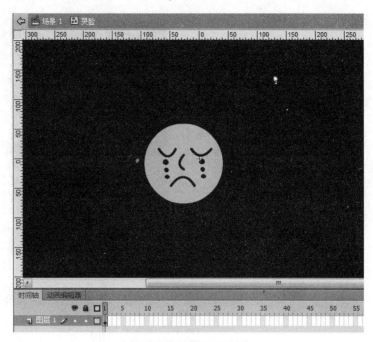

图 5-33　哭脸图案绘制

(7) 返回"场景 1",在"脸"图层第 30 帧处插入关键帧,按住【Shift】键,将图形元件"笑脸"沿垂直线移动至"阴影"图形元件跟前;在"阴影"图层第 30 帧处插入关键帧,利用【任意变形工具】,将"阴影"图形元件进行适当拉伸,使其呈现扁圆形态。然后分别在"脸"图层、"阴影"图层上,在第 1～30 帧之间单击鼠标右键,在弹出的对话框中选择【创建传统补间动画】选项,即可创建笑脸下落及阴影随之变大的传统补间动画,如图 5-34 所示。

图 5-34　笑脸下落过程

（8）分别在"脸"图层、"阴影"图层的第31帧处插入关键帧，鼠标单击该帧处舞台上"笑脸"图形元件，在【属性】面板中选择【交换元件】选项，在弹出的对话框中选择"哭脸"图形元件，单击【确定】按钮，如图5-35所示。

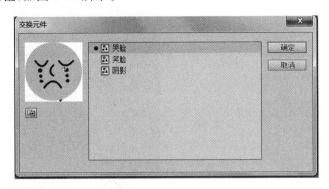

图5-35　交换元件

（9）在"脸"图层第40帧处插入关键帧，利用【任意变形工具】，将"哭脸"图形元件进行适当拉伸，使其呈现扁圆形态；在"阴影"图层第40帧处插入关键帧，利用【任意变形工具】，将"阴影"图形元件再度横向拉伸。分别在"脸"图层、"阴影"图层上，在30～40帧之间，单击鼠标右键，在弹出的对话框中选择【创建传统补间动画】选项，创建哭脸着地时挤压变形动画，如图5-36所示。

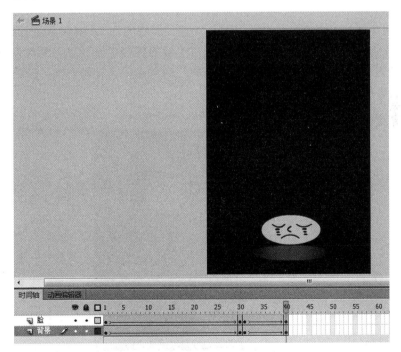

图5-36　哭脸着地时挤压变形动画

（10）选中"脸"图层第31帧，单击鼠标右键，在弹出的对话框中选择【复制帧】选项，选中"脸"图层第51帧，单击鼠标右键，在弹出的对话框中选择【粘贴帧】选项，然后在"脸"图层第41～51帧之间创建传统补间动画;"阴影"图层做相同操作,完成哭脸触底反弹动画过程,如图5-37所示。

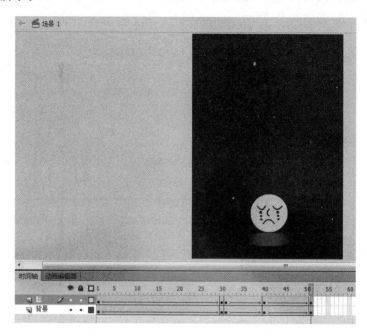

图 5-37　哭脸触底反弹动画过程

（11）采用步骤（10）的方法,将"脸"图层、"阴影"图层的第30帧内容分别复制粘贴到对应图层的第52帧,将"脸"图层、"阴影"图层的第1帧内容分别复制粘贴到对应图层的第82帧,然后在"脸"图层、"阴影"图层的第52～82帧之间创建传统补间动画,完成笑脸升起动画过程,如图5-38所示。

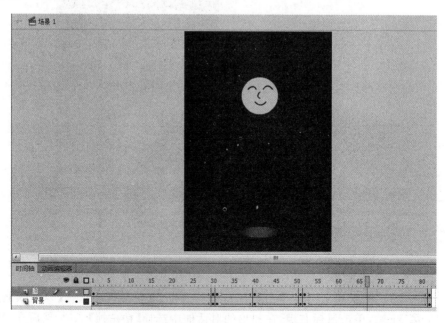

图 5-38　笑脸升起动画过程

（12）设置缓动属性。在"笑脸"图层第 1～30 帧之间单击鼠标左键，在【属性】面板中设置缓动值为－100，表示该运动过程为匀加速运动；"笑脸"元件升起过程为匀减速运动，在"笑脸"图层第 52～82 帧之间单击鼠标左键，在【属性】面板中设置缓动值为 100，表示该运动过程为匀减速运动。如图 5-39 所示（这里仅展示匀加速运动缓动值设置），至此，该动画创建完成，通过【Ctrl】＋【Enter】快捷键进行播放测试。

图 5-39　缓动设置

注意事项：
　　缓动属性用来设置对象移动时速度的变化。这里，0 表示匀速，100 表示匀减速，－100 表示匀加速。若要进行更为复杂的速度变化设置，例如：变加速/变减速运动，可以单击【属性】面板处【缓动】属性中的【编辑缓动】按钮，通过增删锚点及曲率调杆，做更为复杂的速度曲线，如图 5-40 所示。

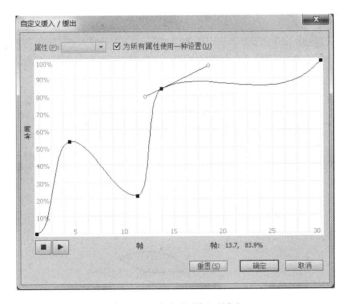

图 5-40　自定义缓入/缓出

5.4.3　章节实训——大风车

该动画通过为传统补间动画设置旋转属性，实现风车旋转效果，制作步骤如下：

（1）新建 550 像素×400 像素大小文档，设置帧频为 20 帧/秒。将"图层 1"重命名为"背景"图层，导入背景图片，利用【对齐】面板将背景图片与舞台大小匹配对齐。

（2）创建"风车把"图层，利用工具箱中的【矩形工具】绘制两个矩形条作为"风车把"图案，矩形笔触颜色为无，填充颜色为浅棕色，颜色代码为♯E6E49A。利用【任意变形工具】将风车把作适当角度旋转。随后锁定"背景"图层及"风车把"图层，如图 5-41 所示。

（3）执行【插入】|【新建元件】|【图形】命令，新建一个图形元件，重命名为"风车"。在该元件内部，利用钢笔工具简单绘制风车的一个扇叶，笔触大小为 3 点，利用油漆桶工具填充为绿色。对齐至舞台中间，如图 5-42 所示。

图 5-41 "背景"图层及"风车把"图层对象绘制

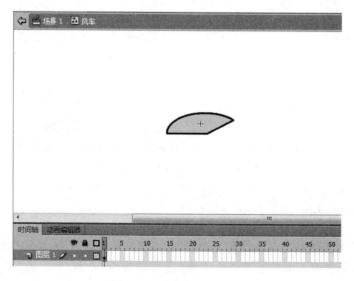

图 5-42 风车扇叶的绘制

（4）选中该扇叶，将其转换为图形元件，利用【任意变形工具】将"扇叶"元件的变形点移至左下角。打开【对齐】面板，设置旋转角度为60°，单击【重置选区和变形】按钮，对该扇叶进行旋转复制操作。随后，执行【Ctrl】+【B】操作，将6个扇叶元件打散，更改不同扇叶的颜色，使其产生五彩缤纷效果，并在中央位置绘制一个红色的小圆，如图 5-43 所示。

（5）返回"场景1"，创建"大风车"图层及"小风车"图层，依次将"风车"元件拖动至"大风车"图层及"小风车"图层的适当位置，如图 5-44 所示。

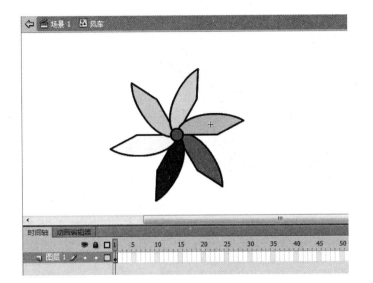

图 5-43　风车图案的绘制(一)

图 5-44　风车图案的绘制(二)

　　(6) 分别在"大风车"图层及"小风车"图层的第 40 帧处插入关键帧,分别在"大风车"图层及"小风车"图层的第 1～40 帧间单击鼠标右键,在弹出的对话框中选择【创建传统补间动画】选项。将"风车把"与"背景"图层分别延续到第 40 帧,如图 5-45 所示。

　　(7) 单击"大风车"图层第 1～40 帧之间的某一帧,在【属性】面板中的【旋转】属性中选择顺时针,旋转圈数值设置为 2。同理,单击"大风车"图层第 1～40 帧之间的某一帧,在【属性】面板中的【旋转】属性中选择顺时针,旋转圈数值设置为 4,如图 5-46 所示(这里仅展示大风车传统补间动画的旋转属性设置)。

　　(8) 通过【Ctrl】+【Enter】快捷键进行播放测试。

图 5-45　大风车及小风车传统补间动画建立　　　　图 5-46　旋转属性设置

5.5　补　间　动　画

5.5.1　补间动画概念与基本原理

补间动画是由一个形态到另一个形态的变化过程,可以产生动画大小、移动、颜色、透明度、旋转属性的改变。Flash 中补间动画只能针对非矢量图形进行,对象可以是组合图形、文字对象、元件的实例、被转换为元件的导入图片等。

补间动画允许用户通过鼠标拖动舞台中的对象来创建,相对于传统补间动画,使得动画制作变得更加快捷;补间动画允许用户通过调节贝塞尔曲线来设置更为复杂的运动路径,相对于传统补间动画,使得动画内容变得更加丰富。

补间动画制作步骤大致如下:

(1)只需确定开始帧,在结束帧插入帧即可。

(2)右键单击选择【创建补间动画】命令。动画对象需为元件,如果动画对象非元件实例,将其转换为元件。

(3)用选择工具在结束帧位置改变动画对象的物理属性(移动位置、缩放大小、透明度、颜色变化等)。

(4)进一步地,可以通过贝塞尔曲线调整动画运动路径轨迹线。

5.5.2　章节实训——太极阴阳图

该动画通过为补间动画设置缓动、旋转属性,实现太极阴阳图旋转及渐显效果。制作步骤如下:

(1)新建 550 像素×400 像素大小文档,设置帧频为 24 帧/秒,背景色为灰色。

（2）将"图层1"重命名为"黑色圆"图层,在该图层第1帧,利用【椭圆工具】绘制一个无笔触颜色的黑色圆,并将其转换为"黑色圆"图形元件,然后在"黑色圆"图层第45帧处插入帧,并在1～45帧间单击鼠标右键,在弹出对话框中选择【创建补间动画】选项。

（3）创建"白色圆"图层,在该图层第16帧处插入空白关键帧,利用【椭圆工具】绘制一个无笔触颜色的白色圆,并将其转换为"白色圆"图形元件,在"白色圆"图层第45帧处插入帧,并在16～45帧间单击鼠标右键,在弹出对话框中选择【创建补间动画】选项。

（4）创建"阴阳图"图层,在该图层第46帧处插入空白关键帧,利用【椭圆工具】及【线条工具】绘制一个简易的"阴阳图"图案,并将其转换为"阴阳图"图形元件,在"阴阳图"图层第75帧处插入帧,并在46～75帧间单击鼠标右键,在弹出对话框中选择【创建补间动画】选项,如图5-47所示。

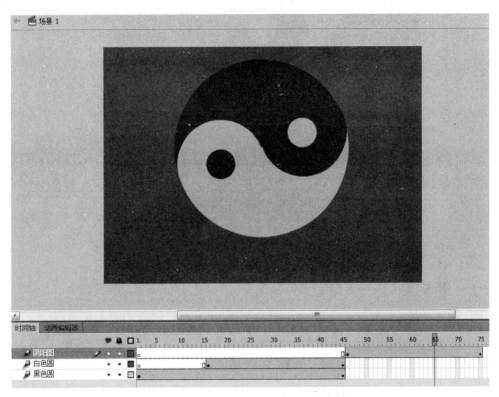

图5-47　"太极阴阳图"动画元件绘制

（5）利用【绘图纸外观】,将"黑色圆"图形元件、"白色圆"图形元件对齐至"阴阳图"图形元件黑白圆图案位置;利用【任意变形工具】将"黑色圆"图形元件、"白色圆"图形元件的变形点移动至"阴阳图"图形元件的中心位置。

（6）在"黑色圆"图层起始帧处,设置"黑色圆"图形元件的透明度为0%,结束帧处设置"黑色圆"图形元件的透明度为100%。"白色圆"图层、"阴阳图"图层对应图形元件做相同设置。

（7）在"黑色圆"图层第1～45帧间单击鼠标右键,在【属性】面板中设置缓动值为－100,旋转为3次,方向为逆时针;在"白色圆"图层第16～45帧间单击鼠标右键,在【属性】面板中设置缓动值为－100,旋转为2次,方向为逆时针;在"阴阳图"图层第46～75帧间单击鼠标右键,在【属性】面板中设置缓动值为-100,旋转为2次,方向为逆时针。至此,"太极阴阳图"动画制作完成,通过【Ctrl】+【Enter】快捷键可进行播放测试,效果如图5-48所示。

图5-48 "太极阴阳图"动画效果演示

5.5.3 章节实训——愤怒的小鸟

该动画通过调节补间动画贝塞尔曲线,实现愤怒的小鸟飞舞效果,制作步骤如下:

(1)新建800像素×450像素大小文档,设置帧频为24帧/秒。将"图层1"重命名为"背景"图层,导入背景图片,利用【对齐】面板将背景图片与舞台大小匹配对齐,然后锁定"背景"图层。

(2)创建"小鸟"图层,在该图层第1帧的舞台上导入"愤怒的小鸟.png"图片,利用【任意变形工具】将图片缩放至合适大小,执行快捷键【Ctrl】+【B】将该位图文件打散,可以观察到该散件的网纹效果,如图5-49所示。

(3)选择工具箱中的【套索工具】下的【魔术棒】,单击"小鸟"图案周围网纹,按下【Delete】键将"小鸟"图案周围网纹删除。此时,用【选择工具】选中该图案,网纹区域仅为"小鸟"图案区域。

(4)选中"小鸟"图案,将其转换为"飞鸟"图形元件,利用【任意变形工具】调整该图形元件的位置和角度,使之呈现起飞姿态,如图5-50所示。

(5)分别在"小鸟"图层、"背景"图层第40帧处单击鼠标右键,在弹出对话框中选择【插入帧】选项;在"小鸟"图层第1~40帧之间单击鼠标右键,在弹出对话框中选择【创建补间

图 5-49　图片打散后网纹效果

图 5-50　"飞鸟"图形元件创建

动画】选项；在"小鸟"图层第 40 帧处，拖动"飞鸟"图形元件至鸟窝位置，此时会出现一条紫色虚线形态的运动轨迹，并在"小鸟"图层第 40 帧处生成一个菱形实心点，"小鸟"图层第 1～40 帧变为浅蓝色；利用【任意变形工具】调整该图形元件角度，如图 5-51 所示。

图 5-51　补间动画的创建

（6）调节贝塞尔曲线。利用工具箱中的【选择工具】将紫色路径线拉伸为曲线，利用工具箱中的【部分选择工具】改变路径线起点位置，此时出现曲率调杆，可用于改变曲线曲率，如图 5-52 所示。

图 5-52　贝塞尔曲线调节

（7）至此"愤怒的小鸟"动画制作完成，通过【Ctrl】+【Enter】快捷键可进行播放测试，效果如图 5-53 所示。

图 5-53 "愤怒的小鸟"动画演示效果

注意事项：

动画轨迹曲线可应用贝塞尔曲线进行调整。首先在动画序列中选取路径变化的拐点帧，用选择工具移动该帧处的动画对象，这时路径将发生变化。

然后用部分选择工具选择拐点帧处的动画对象，在路径轨迹线上各关键帧点出现贝塞尔手柄，通过鼠标调节手柄便可调整轨迹线上该关键帧周围的路径形状。

5.6 引导动画

5.6.1 引导动画概念与基本原理

引导动画又叫路径动画，是让一个物体沿着某一条路径运动的动画。

制作引导动画所需要的图层：引导层（用来存放路径的图层）；被引导层（用来存放沿路径运动的对象）。

引导层的创建方法：（法一）直接创建引导层：在被引导层上右击鼠标，在弹出菜单上选择【添加传统运动引导层】，即可在被引导层上方添加引导层；（法二）将普通图层转换成引导层：在被引导层上方创建一图层，在创建图层处右击鼠标，在弹出菜单中选择【引导层】，然后鼠标单击被引导层，拖曳至被引导层标识层下，使其与标识层链接，这样就为被引导层建立引导层。

引导层中的路径分为闭合路径和不闭合路径。不闭合路径指的是起点与终点不重合的路径；闭合路径指的是起点和终点重合在一起的路径。可以用钢笔、铅笔、椭圆、矩形、多边形等工具绘制矢量路径。

引导动画的制作方法如下：

方法一(直接建立引导层方法)：(1)在被引导层制作传统补间动画；(2)在被引导层上右击鼠标,在弹出菜单上选择【添加传统运动引导层】,在被引导层上方添加引导层,并在引导层中绘制引导线；(3)把被引导层中动画帧序列开始帧和结束帧动的动画对象移动吸附到引导线的两端,引导动画自动生成。

方法二(将普通图层转换成引导层方法)：(1)在被引导层制作传统补间动画；(2)在被引导层上方创建一图层,在此层右击鼠标,在弹出菜单中选【引导层】,建立一个标识层,在该层绘制引导线；(3)然后鼠标单击被引导层,拖曳至被引导层标识层下,使其与标识层链接；(4)把被引导层中动画帧序列开始帧和结束帧动的动画对象移动吸附到引导线的两端,引导动画自动生成。

5.6.2 章节实训——采花粉的蝴蝶

该动画通过结合引导动画及影片剪辑逐帧动画,实现蝴蝶在花丛中飞舞并扇动翅膀效果。制作步骤如下：

(1)新建 550 像素×400 像素大小文档,设置帧频为 24 帧/秒。将"图层1"重命名为"背景"图层,导入背景图片,利用【对齐】面板将背景图片与舞台大小匹配对齐。在【库】面板中导入 6 个蝴蝶连续动作素材。

(2)新建"蝴蝶"影片剪辑元件,在"蝴蝶"影片剪辑元件内部的 1～6 帧处分别逐次导入 6 个蝴蝶连续动作素材,利用【绘图纸外观】和【编辑多个帧】操作,将 6 个蝴蝶连续动作素材调整至统一大小并对齐,完成"蝴蝶扇动翅膀"逐帧动画制作,如图 5-54 所示。

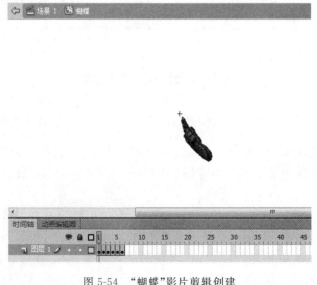

图 5-54 "蝴蝶"影片剪辑创建

(3)返回"场景1",将"图层1"重命名为"背景"图层,导入背景图片素材,利用【对齐】面板将该素材水平居中、垂直居中对齐至舞台。

(4)创建"蝴蝶"图层,在"蝴蝶"图层的第 1 帧处,将库中的"蝴蝶"影片剪辑元件拖入舞台,在"蝴蝶"图层的第 40 帧处插入关键帧,更改起始帧、结束帧处"蝴蝶"影片剪辑在舞台上的位置,然后在"蝴蝶"图层的第 1～40 帧处创建传统补间动画,如图 5-55 所示。

图 5-55　为"蝴蝶"影片剪辑创建传统补间动画

(5)在"蝴蝶"层上单击鼠标右键,在弹出的菜单上选择【添加传统运动引导层】选项。此时可以观察到,在"蝴蝶"图层的上一图层处,生成一个引导层性质的图层(即"引导层:蝴蝶"图层),该图层前的圆弧形标志表示该图层为引导层,且有被引导层(即"蝴蝶"图层)与其关联,如图 5-56 所示。

图 5-56　为"蝴蝶"图层创建引导层

(6)鼠标选中引导层图层(即"引导层:蝴蝶"图层)第 1 帧,利用【钢笔工具】在该引导层上绘制一条曲线,作为后续蝴蝶运动的路径,如图 5-57 所示。

图 5-57　引导层路径绘制

（7）吸附设置。勾选工具箱中的【紧贴至对象】按钮，鼠标单击"蝴蝶"图层的第 1 帧，利用【选择工具】将"蝴蝶"影片剪辑元件拖曳至路径起点周围，当"蝴蝶"影片剪辑变形点处产生黑色圆圈标识时，表明"蝴蝶"影片剪辑成功吸附至路径线的起点位置，如图 5-58 所示。用同样的方式可将"蝴蝶"图层的第 40 帧处的"蝴蝶"影片剪辑成功吸附至路径线的终点位置。

图 5-58　吸附设置

（8）最后，将"蝴蝶"图层与"背景"图层延续至第 50 帧，产生蝴蝶在花丛中逗留效果。至此，"采花粉的蝴蝶"引导动画创建完成，通过【Ctrl】+【Enter】快捷键进行播放测试，效果如图 5-59 所示。

图 5-59 "采花粉的蝴蝶"动画演示效果

5.6.3 章节实训——牛郎织女

该动画通过结合多个引导层,实现女郎织女踏着彩虹在空中相遇效果,制作步骤如下:

(1) 新建 550 像素×400 像素大小文档,设置帧频为 24 帧/秒。将"图层 1"重命名为"背景"图层,导入背景图片,利用【对齐】面板将背景图片与舞台大小匹配对齐,然后锁定"背景"图层。

(2) 创建"织女"图层,在该图层第 1 帧的舞台上导入"织女"图片,利用【任意变形工具】将"织女"图片缩放至合适大小,执行快捷键【Ctrl】+【B】将该位图文件打散,可以观察到该散件的网纹效果,如图 5-60 所示。

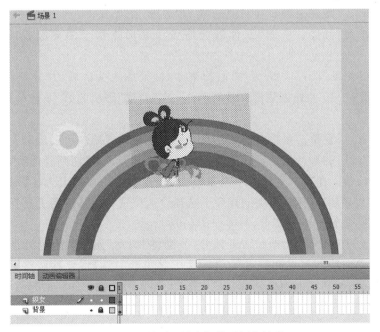

图 5-60 "织女"图片打散后网纹效果

（3）选择工具箱中的【套索工具】，然后选择【套索工具】下的【魔术棒】，单击"织女"人物周围网纹，按下【Delete】键将"织女"人物周围网纹删除。此时，用【选择工具】选中该图案，网纹区域仅为"织女"图案区域，如图5-61所示。

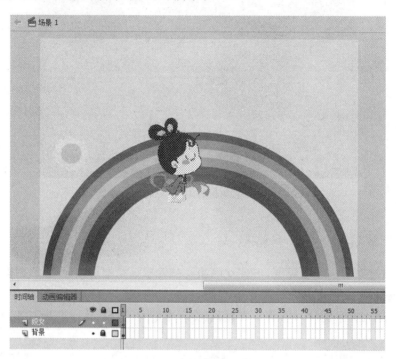

图5-61　清除多余网纹效果

（4）将"织女"图案转换为"织女"图形元件，创建"牛郎"图层，采用与步骤（3）同样的方法，将清除"牛郎"图案多余网纹并将其转换为"牛郎"图形元件，利用【对齐】面板及【任意变形工具】将"织女"元件、"牛郎"元件的注册点及变形点移至图案中心位置，如图5-62所示。

（5）分别在"牛郎"图层、"织女"图层的第40帧处插入关键帧，并分别在"牛郎"图层、"织女"图层的第1～40帧处创建传统补间动画；在"背景"图层的第40帧处插入普通帧，具体如图5-63所示。

（6）在"织女"层上单击鼠标右键，在弹出的菜单上选择【添加传统运动引导层】选项，在"引导层：织女"图层的舞台上选择合适位置，利用【钢笔工具】绘制路径曲线，笔触颜色为红色，笔触大小为2点；在"牛郎"层上单击鼠标右键，在弹出的菜单上选择【添加传统运动引导层】选项，在"引导层：牛郎"图层的舞台上选择合适位置，利用【钢笔工具】绘制路径曲线，笔触颜色为绿色，笔触大小为2点，具体如图5-64所示。

（7）在"织女"图层的起始帧和结束帧处，分别将"织女"元件吸附至红色曲线的起点和终点处，并在红色曲线的起点和终点处，利用【任意变形工具】将元件调整至合适角度；在"牛郎"图层的起始帧和结束帧处，分别将"牛郎"元件吸附至绿色曲线的起点和终点处，并在绿色曲线的起点和终点处，利用【任意变形工具】将元件调整至合适角度，具体如图5-65所示。

图 5-62 "牛郎"和"织女"图形元件创建

图 5-63 为"牛郎"和"织女"元件创建传统补间动画

图 5-64 "牛郎"和"织女"元件引导层路径绘制(一)

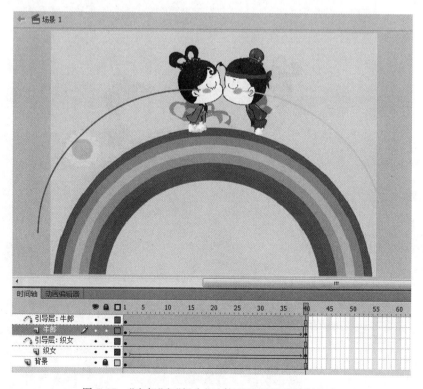

图 5-65 "牛郎"和"织女"元件引导层路径绘制(二)

（8）在"引导层：牛郎"图层上创建"心"图层，在该图层第41帧处插入空白关键帧，利用【钢笔工具】绘制心形，利用【颜料桶工具】填充红色，然后选中该心形图案，将笔触颜色设置成无色，并转化为"心"图形元件。

（9）在"心"图层的第60帧处插入关键帧，在"心"图层的第41～60帧间创建传统补间动画。然后，在"心"图层的第41帧处，利用【任意变形工具】将元件实例缩小至合适大小，在【属性】面板中设置元件透明度为35%；在"心"图层的第60帧处，利用【任意变形工具】将元件实例放大至合适大小，在【属性】面板中设置元件透明度为80%。最后，将"牛郎"图层、"织女"图层、"背景"图层分别延续到第60帧。至此，"牛郎织女"动画创建完成，如图5-66所示。

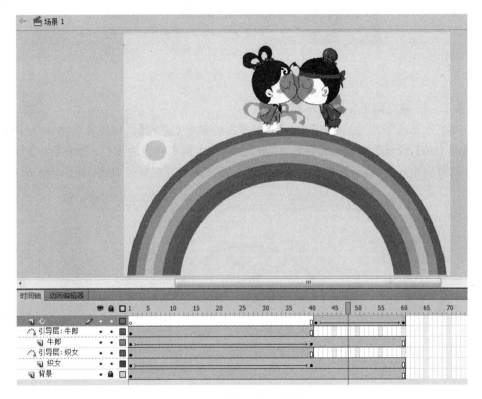

图5-66　"牛郎织女"动画演示效果

（10）通过【Ctrl】＋【Enter】快捷键进行播放测试。

5.6.4　章节实训——纸飞机

该动画通过设置闭合曲线引导线及路径调整，实现纸飞机圆周运动效果的引导动画。制作步骤如下：

（1）新建550像素×400像素大小文档，设置帧频为24帧/秒。执行【插入】|【新建元件】命令，创建名为"纸飞机"的图形元件。在该图形元件内部，结合【线条工具】与【颜料桶工具】绘制如图5-67所示的"纸飞机"图案。

（2）返回"场景1"，重命名"图层1"为"纸飞机"图层，将"纸飞机"图形元件从库中拖曳至"纸飞机"图层第1帧的舞台中。在"纸飞机"图层的第30帧处插入关键帧，并在"纸飞机"

图 5-67 "纸飞机"图案

图层的第 1～30 帧之间创建传统补间动画。

（3）在"纸飞机"图层上单击鼠标右键，在弹出的菜单上选择【添加传统运动引导层】选项。选择【椭圆工具】，设置笔触颜色为红色，笔触大小 3 点，填充颜色为无色；按住【Alt】+【Shift】快捷键，以舞台中心为圆点，绘制一个大小合适的圆作为引导层路径曲线，如图 5-68 所示。

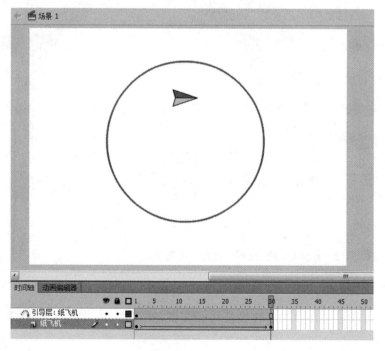

图 5-68 "纸飞机"引导层路径绘制

（4）为"引导层：纸飞机"图层创建副本图层，将该副本图层重命名为"背景线"，将"背景线"图层置于图层底部，锁定、隐藏"背景线"图层。鼠标单击"引导层：纸飞机"图层第 1 帧，利用【缩放工具】将窗口放大至 400％比例，选择【选择工具】，在与纸飞机飞行方向相切的位置(即圆的正上方位置)处将该圆形散件选中一个小口,按住【Delete】键删除,具体如图5-69所示。

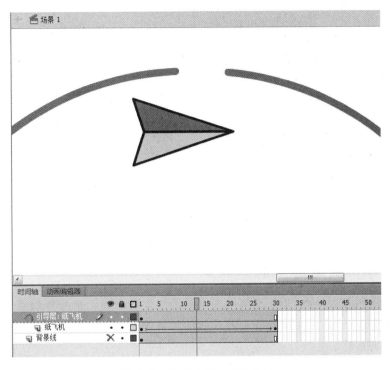

图 5-69　为闭合路径设置切口

(5) 在"纸飞机"图层的起始帧处,将"纸飞机"图形元件吸附至切口右侧;在"纸飞机"图层的结束帧处,将"纸飞机"图形元件吸附至切口左侧;单击"纸飞机"图层 1~40 帧之间任意一帧,在【属性】面板中勾选【调整到路径】选项,如图5-70所示。

(6) 显示"背景线"图层,通过【Ctrl】+【Enter】快捷键进行播放测试,如图5-71所示。

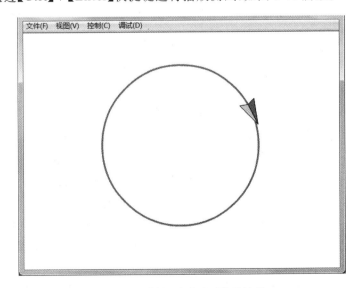

图 5-70　设置调整路径　　　　　　图 5-71　"纸飞机"动画演示效果

注意事项：

(1) 引导层作为被引导层运动对象路径的规划者，必须建立在被引导层的传统补间动画基础上。

(2) 被引导对象只能是元件实例、文本等能够设置运动补间的对象。

(3) 引导层中放置的是为被引导层对象规划的运动路径轨迹线，是一条不闭合的曲线。

(4) 对于闭合曲线引导动画绘制，需在该闭合曲线上开个小口，使之成为不闭合曲线，开口位置应为与元件运动方向平行的曲线切线位置。

(5) 引导层位于被引导层上方，一个引导层可为多个被引导层进行运动路径引导，使得多个对象沿着同一路径运动；但一个被引导层只能搭配一个引导层，沿一条引导路径移动。

(6) 引导层的引导线不会导出。

(7) 被引导对象必须吸附在路径上。

(8) 引导层中的对象是不显示的，若让其显示出来，则需要复制引导层，并将该引导层副本转换为普通图层。

5.7 遮罩动画

5.7.1 遮罩动画概念与基本原理

遮罩动画也叫蒙版动画，指用遮罩层当中图形的形状来显示被遮罩层当中的图像的动画。这里需要注意的是，对于用绘图工具绘制的矢量图形，其边框不参与遮罩，形状指的是填充颜色区域的形状。

遮罩动画需包含至少两个图层：遮罩层与被遮罩层，遮罩层位于被遮罩层的上一个图层。遮罩层如同一张不透明的纸，其上面的图形等对象如同在此不透明的纸上挖出一个与其轮廓相同的洞，透过遮罩层的图形、文字等对象形状的轮廓范围，可以显示位于其下面的内容。

遮罩动画的制作方法如下：

(1) 制作被遮罩层对象。

(2) 在被遮罩层上方创建一图层，命名为"遮罩层"。以下方被遮罩层内容为基准，按照显示范围与动画特征，在该层绘制或导入作为遮罩的图形、文字或元件等对象。

(3) 在遮罩层右击鼠标，在弹出菜单中选择【遮罩层】，建立该层与下方相邻的被遮罩层的遮罩链接关系，遮罩动画自动生成。

5.7.2 章节实训——放大镜

该动画通过将遮罩层作为动画层，模拟放大镜效果，制作步骤如下：

(1) 新建 800 像素×280 像素大小文档，设置帧频为 12 帧/秒。将"图层 1"重命名为"大福娃"，将"福娃.jpg"图像导入"大福娃"第 1 帧舞台上，利用【对齐】面板使图像与舞台水平居中对齐、垂直居中对齐且匹配舞台宽和高。

(2) 创建"大福娃"图层副本，将该副本图层重命名为"小福娃"；隐藏锁定"大福娃"图层，鼠标单击"小福娃"图层第 1 帧，在【属性】面板中将该帧图案大小设置为 700 像素×240 像素，如图 5-72 所示。

(3) 执行【插入】|【新建元件】命令，创建名为"放大镜"图形元件，在该图形元件内部，结

图 5-72　建立"小福娃"及"大福娃"图层

合【椭圆工具】与【矩形工具】绘制一个放大镜图案,将镜框与镜柄的笔触颜色设置为无色,填充颜色设置为棕色,颜色代码为♯993300,透明度为100%;将镜面颜色绘制为浅蓝色到白色的径向渐变,渐变色左端点为浅蓝色,颜色代码为♯3399CC,透明度为37%,渐变色左端点为白色,颜色代码为♯FFFFFF,透明度为38%。利用【对齐】面板,将该图案对齐至舞台中央,如图 5-73 所示。

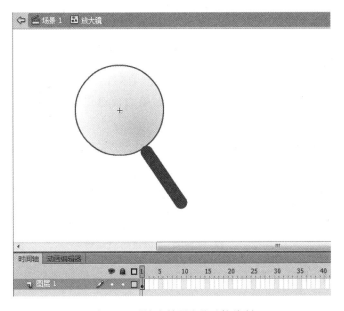

图 5-73　"放大镜"图形元件绘制

（4）创建名为"圆"的图形元件，将"放大镜"图形元件内部的蓝白径向渐变镜面图案复制至"圆"图形元件内部，并更改其颜色为红色。

（5）返回"场景1"，在"大福娃"图层上分别创建"遮罩圆"图层与"放大镜"图层。将"圆"图形元件、"放大镜"图形元件分别拖至"遮罩圆"图层与"放大镜"图层第1帧舞台上。移动"圆"图形元件，使之与"放大镜"元件中的镜面部分完全重合。

（6）分别在"遮罩圆"图层与"放大镜"图层第30帧处插入关键帧，按住【Shift】键连续选中"圆"图形元件及"放大镜"图形元件，将它们水平移动至图案"福娃妮妮"的位置。随后，分别在"遮罩圆"图层与"放大镜"图层的第1～30帧之间创建传统补间动画，并将"大福娃"图层及"小福娃"图层分别延续至第30帧，如图5-74所示。

图5-74　为"圆""放大镜"图形元件创建动画

（7）在"遮罩圆"图层上右键单击鼠标，在弹出的对话框中勾选【遮罩层】选项。此时，"遮罩圆"图层被转换为遮罩层，"大福娃"图层被转换为被遮罩层，且均为锁定状态，如图5-75所示。

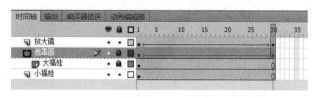

图5-75　将"遮罩圆"图层转换为遮罩层

（8）通过【Ctrl】+【Enter】快捷键进行播放测试，测试效果如图5-76所示。

图 5-76　"放大镜"动画演示效果

5.7.3　章节实训——波浪文字效果

该动画通过将被遮罩层作为动画层,实现波浪文字动画效果,制作步骤如下:

(1) 新建 550 像素×400 像素大小文档,设置帧频为 24 帧/秒。舞台背景为黑色。

(2) 将"图层 1"重命名为"动画"图层。利用【矩形工具】在"动画"第 1 帧舞台上绘制一个长条矩形(矩形长度需超过舞台长度一半以上),将笔触颜色设置为无色,对该矩形填充多个黑白交替线性渐变色,并将其转换为"条纹"图形元件。随后在"动画"图层第 40 帧处插入关键帧,在"动画"图层第 1～40 帧间创建传统补间动画,如图 5-77 所示。

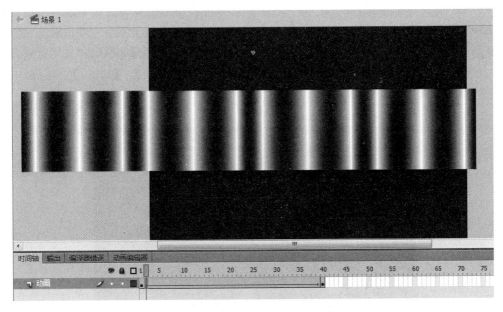

图 5-77　为"条纹"图形元件创建传统补间动画

(3) 创建"文字遮罩"图层,输入静态文本:乐山师范学院,字体样式为宋体,字体颜色为白色,字体大小为 80 点。随后,利用【对齐】面板将该字体水平垂直居中于舞台中央。

(4) 创建"文字遮罩"图层副本,将该图层重命名为"文字",并将该图层的字体颜色更改为橘黄色(颜色代码：♯FF6600)。利用键盘方向键将文字向下、向右各移动一个像素单位,产生文字立体效果,如图 5-78 所示。

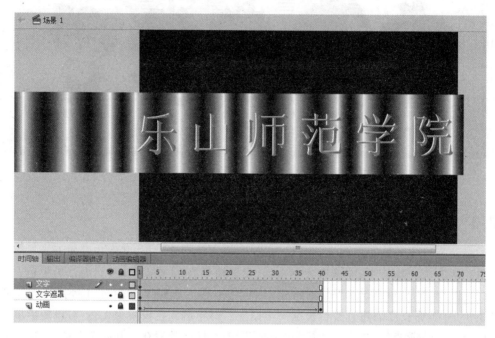

图 5-78　文字立体效果

(5) 在"动画"图层的起始帧处,将"条纹"图形元件移动至边缘超过文字最右端位置处,在"动画"图层的结束帧处,将"条纹"图形元件移动至边缘不超过文字最左端位置处,然后在"文字遮罩"图层上单击鼠标右键,在弹出的对话框中勾选【遮罩层】选项,将"文字遮罩"图层转换为遮罩层。至此,"波浪文字效果"动画制作完成,通过【Ctrl】+【Enter】快捷键进行播放测试,测试效果如图 5-79 所示。

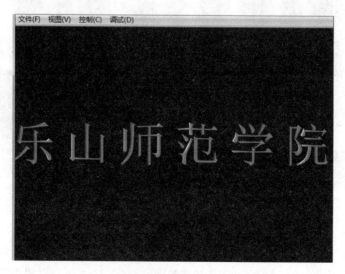

图 5-79　"波浪文字效果"动画演示效果

5.7.4 章节实训——文字放大镜

该动画结合多个遮罩层，模拟文字放大镜效果，制作步骤如下：

（1）新建 550 像素×400 像素大小文档，设置帧频为 24 帧/秒。舞台背景为黑色。

（2）创建两个图层，分别命名为"大文字"图层和"小文字"图层，在这两个图层上分别输入静态文本：乐山是我家，其中"大文字"图层的字体大小为 80 点，"小文字"图层的字体大小为 60 点；大小文字的字体样式均为华文行楷，字体颜色均为白色。将两个图层文本分别对齐至舞台中央，如图 5-80 所示。

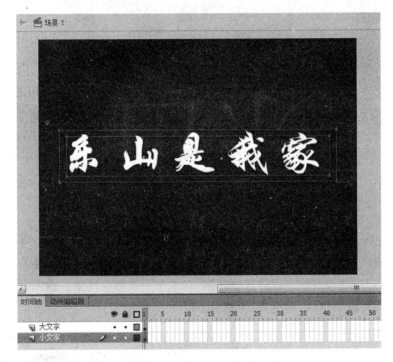

图 5-80 被遮罩层创建

（3）绘制"圆"和"放大镜"图形元件（具体步骤详见实训 5.7.2 中第（3）、第（4）步）。

（4）返回"场景 1"，在"大文字"图层上分别创建"大遮罩"图层与"放大镜"图层。将"圆"图形元件、"放大镜"图形元件分别拖至"大遮罩"图层与"放大镜"图层第 1 帧舞台上。移动"圆"图形元件，使之与"放大镜"元件中的镜面部分完全重合。

（5）分别在"大遮罩"图层与"放大镜"图层第 50 帧处插入关键帧，按住【Shift】键连续选中"圆"图形元件及"放大镜"图形元件，将它们水平移动至图案文字"家"的位置。随后，分别在"大遮罩"图层与"放大镜"图层的第 1~50 帧之间创建传统补间动画，并将"大文字"图层及"小文字"图层分别延续至第 50 帧。

（6）在"大遮罩"图层上右键单击鼠标，在弹出的对话框中勾选【遮罩层】选项。此时，"大遮罩"图层被转换为遮罩层，"大文字"图层被转换为被遮罩层，且均为锁定状态，如图 5-81 所示。

（7）在"小文字"图层上方创建"小遮罩"图层，绘制一个宽为 900 像素、高为 110 像素的

103

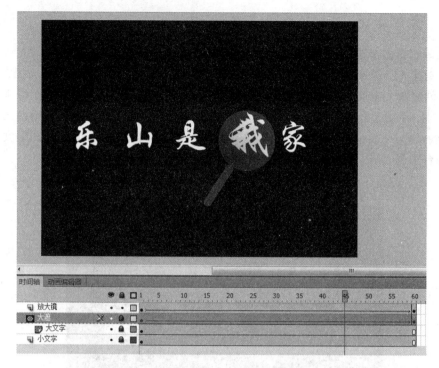

图 5-81　大文字遮罩层创建

矩形，笔触颜色无，填充颜色黄色。结合【Ctrl】+【C】、【Ctrl】+【Shift】+【V】快捷键，将"大遮罩"图层第 1 帧的"圆"图形元件原位粘贴至"大遮罩"图层第 1 帧，执行【Ctrl】+【B】快捷键将其打散，然后将其移出矩形散件区域并删除，使矩形图案呈现镂空效果，将其转换为"小遮"图形元件。隐藏"放大镜"图层，观察效果如图 5-82 所示。

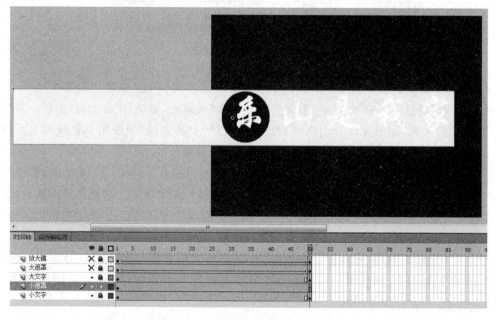

图 5-82　小文字遮罩层创建

（8）在"小遮罩"图层第 50 帧处创建关键帧，向右水平移动"小遮罩"元件，使其镂空位置恰好与第 50 帧处的"圆"元件重合，然后创建传统补间动画，并将"小遮罩"图层设置为遮罩层。至此，"文字放大镜"动画制作完成。通过【Ctrl】+【Enter】快捷键进行播放测试，测试效果如图 5-83 所示。

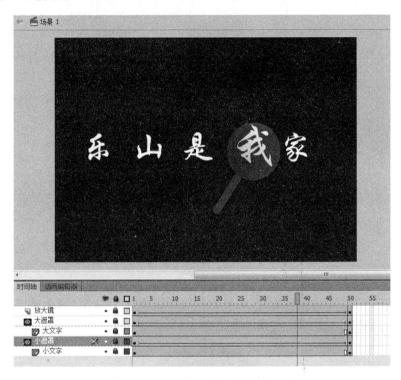

图 5-83　"文字放大镜"动画演示效果

5.7.5　章节实训——观赏乐山大佛

该动画通过交互式遮罩，实现类似探照灯形式效果，制作步骤如下：

（1）新建 ActionScript 2.0 文档，设置文档大小为 600 像素×880 像素，设置帧频为 24 帧/秒。将"图层 1"重命名为"背景"图层，并将"乐山大佛.jpg"图案导入舞台，水平居中、垂直居中对齐至舞台。

（2）创建"遮罩"图层，创建名为"圆"的影片剪辑元件，利用【椭圆工具】绘制正圆，并设置笔触颜色无，填充颜色为红色。在【属性】面板中，将"圆"的影片剪辑元件实例命名为"mask_mc"，如图 5-84 所示。

（3）鼠标右键单击"圆"的影片剪辑元件，在弹出的对话框中选择【动作】选项，打开【动作】面板，输入如下代码：

```
on (rollOver)
{
    this.startDrag();
    _root.mask_mc._x = this._x;
    _root.mask_mc._y = this._y;
}
```

图 5-84　背景创建及遮罩层元件绘制

（4）在"遮罩"图层单击鼠标右键，在弹出的对话框中选择【遮罩层】选项，将"遮罩"图层转换为遮罩层，通过【Ctrl】+【Enter】快捷键进行播放测试，测试效果如图 5-85 所示。

图 5-85　"观赏乐山大佛"动画演示效果

注意事项：

（1）遮罩层作为被遮罩层显示范围及其移动的规定者，必须建立在被遮罩层之上，与被遮罩层相邻。

（2）遮罩层上用作遮罩的对象可以是矢量图形、文字及其补间形状动画，也可以是元件实例及其运动补间动画。实际上，仅仅是将对象外形轮廓用作遮罩，框定被遮罩层的显示区域，至于对象的填充属性如何并不重要。

（3）遮罩层与被遮罩层的链接关系一旦建立，两个图层将被同时锁定，如果其中一个图层解锁，遮罩链接关系即告破坏。

5.8 章节综合实训

5.8.1 章节综合实训1——郭沫若：憶嘉州

该动画通过遮罩动画,实现卷轴动画效果,制作步骤如下:

(1)新建800像素×450像素大小文档,设置帧频为24帧/秒。将"图层1"重命名为"背景"图层,导入"郭沫若:憶嘉州.jpg"图片素材至舞台,利用【对齐】面板水平居中、垂直居中对齐至舞台。

(2)利用【矩形工具】绘制简易的画轴图案,将其转换为"画轴"图形元件。创建"左画轴""右画轴"图层,在"左画轴""右画轴"图层第1帧的舞台上分别导入"画轴"图形元件,并利用【对齐】面板水平居中、垂直居中对齐至舞台,如图5-86所示。

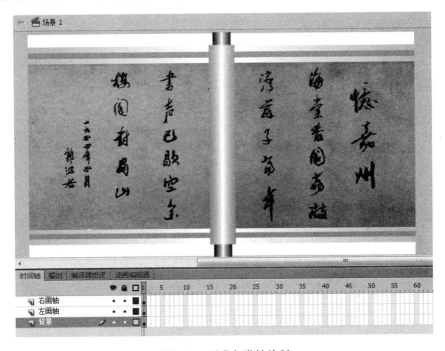

图 5-86　画卷与卷轴绘制

(3)在"左画轴""右画轴"图层第40帧处分别插入关键帧,在"左画轴"图层第40帧处,按住【Shift】快捷键将"卷轴"图形元件水平移动至画轴最左端;在"右画轴"图层第40帧处,按住【Shift】快捷键将"卷轴"图形元件水平移动至画轴最右端;然后,分别在"左画轴""右画轴"图层第1~40帧之间创建传统补间动画,并将"背景"图层延续至第40帧,如图5-87所示。

(4)创建"画卷遮罩"图层,在"画卷遮罩"图层的第1帧,利用【矩形工具】绘制一个无笔触、填充色为绿色的矩形散件,该散件的位置在舞台中央,高度与画卷一致,宽度不超过"卷轴"图形元件的宽度,如图5-88所示。

(5)在"画卷遮罩"图层的第40帧处插入关键帧,按住【Alt】快捷键,利用【任意变形工

108

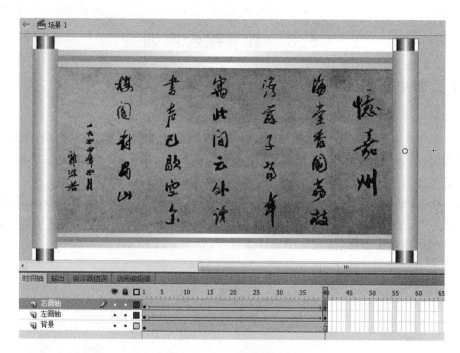

图 5-87　卷轴动画绘制

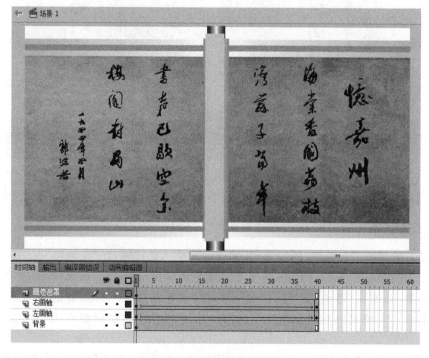

图 5-88　起始帧图案绘制

具】将矩形宽度对称伸长至与"画卷"图案宽度左右大小，然后在"画卷遮罩"图层的第 1～40
帧之间创建补间形状动画，如图 5-89 所示。

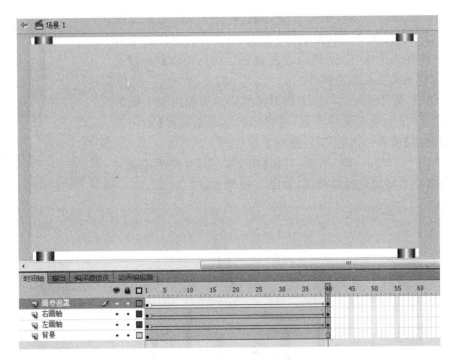

图 5-89　终止帧图案绘制

（6）在"画卷遮罩"图层移至"背景"图层上方，鼠标右键单击"画卷遮罩"图层，在弹出的对话框中勾选【遮罩层】，将"画卷遮罩"图层转换为遮罩层，通过【Ctrl】＋【Enter】快捷键进行播放测试，测试效果如图 5-90 所示。

图 5-90　"郭沫若：憶嘉州"动画演示效果

5.8.2　章节综合实训 2——文字书写效果

该动画结合引导动画及遮罩动画，实现文字书写效果，制作步骤如下：

（1）新建 550 像素×400 像素大小文档，设置帧频为 10 帧/秒。

（2）执行【插入】|【新建元件】命令，新建名为"铅笔"的图形元件。进入元件内部，利用【矩形工具】绘制一个简易的"铅笔"图案，如图 5-91 所示。

109

（3）返回"场景1"，将"图层1"重命名为"文字"图层，在该图层第1帧处，利用【文本工具】输入静态文本：乐山，字体大小为180点，字体样式为宋体，字体颜色为黑色。执行两次【Ctrl】＋【B】快捷键将该文字打散为散件。

（4）创建"笔"图层，将"铅笔"图形元件放至该图层第1帧舞台上。在"笔"层上单击鼠标右键，在弹出的菜单上选择【添加传统运动引导层】选项，为"笔"图层建立引导层。

（5）单击"引导层：笔"图层，利用【钢笔工具】在该图层第1帧处绘制文字书写效果的路径线，如图5-92所示。

图5-91 "铅笔"图案绘制

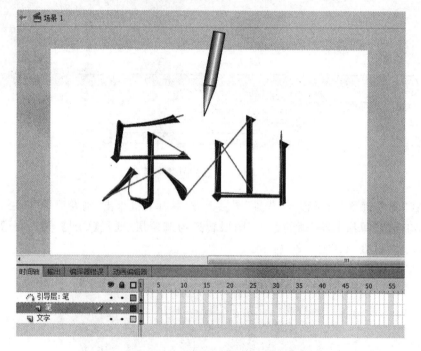

图5-92 引导层文字路径绘制

（6）利用【任意变形工具】将"铅笔"图形元件的变形点移动至图形元件的底部中间（即笔触位置），在"笔"图层第40帧处插入关键帧，将"笔"图层起始帧处"铅笔"元件吸附至文字路径的起点处，将"笔"图层终止帧处将"铅笔"元件吸附至文字路径的终点处。然后，在"笔"图层第1～40帧之间插入传统补间动画，并将"引导层：笔"和"文字"图层延续至第40帧，如图5-93所示。

（7）锁定"引导层：笔"和"笔"图层，在"文字"图层上方创建"文字遮罩"图层，仅保留该图层第1帧，在"文字遮罩"图层第2帧处插入关键帧，利用【刷子工具】，设置填充色为绿色，对"文字"图层上的散件文字进行涂抹，涂抹轨迹沿文字书写时"铅笔"图形元件的运动轨迹，涂抹区域为"铅笔"图形元件已走过的区域，如图5-94所示。

（8）在"文字遮罩"图层第3～40帧处分别使用【F6】快捷键插入关键帧，采用与步骤（7）相同的方法继续对"文字"图层上的散件文字进行涂抹，如图5-95所示。

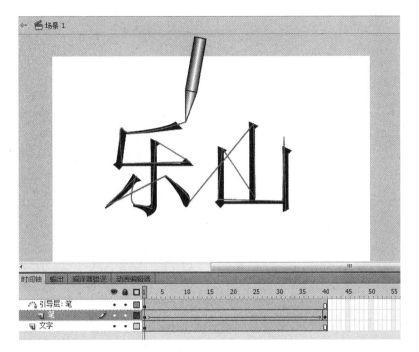

图 5-93 "铅笔运动效果"动画

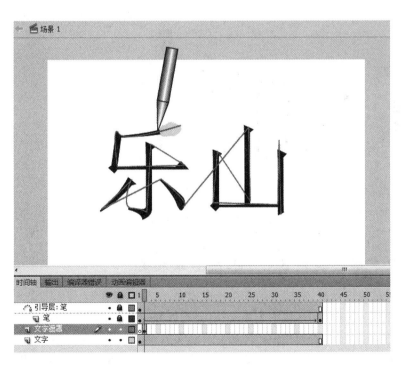

图 5-94 "文字遮罩"图层前两帧绘制

（9）鼠标右键单击"文字遮罩"图层,在弹出的对话框中勾选【遮罩层】,将"文字遮罩"图层转换为遮罩层,通过【Ctrl】＋【Enter】快捷键进行播放测试,测试效果如图5-96所示。

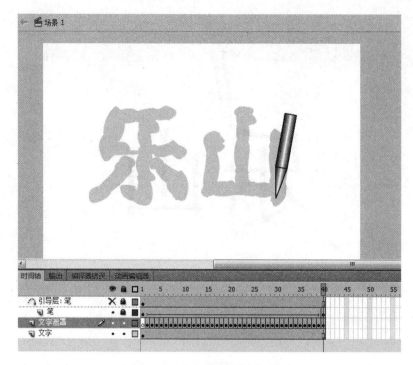

图 5-95 "文字遮罩"图层所有帧绘制

图 5-96 "文字书写效果"动画演示效果

5.8.3 章节综合实训 3——水晶音乐相册

该动画通过遮罩动画,实现水晶音乐相册效果,制作步骤如下:

(1) 新建 800 像素×600 像素大小文档,设置帧频为 24 帧/秒。

(2) 将"图层 1"重命名为"背景"图层,导入"美人鱼.png"图片。

(3) 创建"人物"图层,将图片素材 1.png~5.png 导入"人物"图层第 1 帧舞台的不同位置,选中该图层,使用快捷键【Ctrl】+【B】将所有位图文件打散。再利用工具箱中【套索工具】里的【魔术棒】将每个散件图案周边多余的网纹去除。单击"人物"图层,选中该图层上的所有散件对象,使用【F8】快捷键,将该图层上的散件对象转换为图形元件,命名为"娃娃",如图 5-97 所示。

图 5-97　创建"娃娃"图形元件

（4）执行【插入】|【新建元件】命令，新建一个名为"水晶球"的影片剪辑元件。进入该影片剪辑元件内部，利用【椭圆工具】在"水晶球"影片剪辑元件的第 1 帧绘制一个正圆，笔触颜色为无，填充颜色为透明到深蓝色的径向渐变；在"水晶球"影片剪辑元件"图层 1"的第 10 帧、第 20 帧、第 30 帧、第 40 帧位置插入关键帧，并分别更改填充颜色为透明到绿色的径向渐变、透明到黄色的径向渐变、透明到红色的径向渐变、透明到紫色的径向渐变。随后，在"水晶球"影片剪辑元件"图层 1"的第 1～40 帧之间创建补间形状动画，如图 5-98 所示。

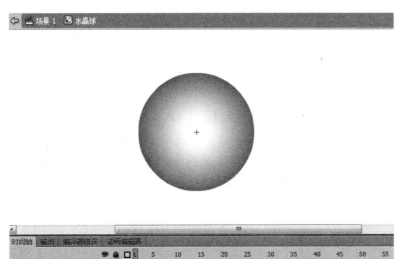

图 5-98　"水晶球"影片剪辑元件内动画创建

（5）创建"人物遮罩"图层，将"水晶球"影片剪辑元件拖动至"人物遮罩"图层第1帧舞台合适位置，创建一个"人物遮罩"图层的副本，并将该副本重命名为"水晶球"。

（6）拖动"人物"图层第1帧处"娃娃"图形元件，使该图形元件中的第1个娃娃在"水晶球"影片剪辑的右下方位置，在"人物"图层第10帧处插入关键帧并拖动"娃娃"图形元件，使该图形元件中的第1个娃娃在"水晶球"影片剪辑区域内；分别在"人物"图层第20帧、第30帧、第40帧、第50帧处插入关键帧，并在每个关键帧处拖动"娃娃"图形元件，使得依次在每个关键帧处，第2个、第3个、第4个、第5个娃娃分别恰好落在"水晶球"影片剪辑区域内，然后在"人物"图层第1～50帧处创建传统补间动画，并将"水晶球"图层、"人物遮罩"图层、"背景"图层分别延续到第50帧，如图5-99所示。

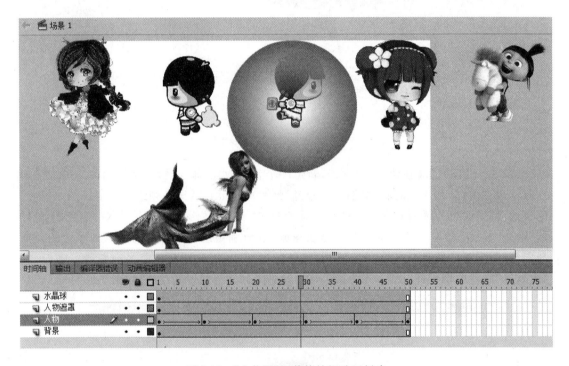

图5-99　"人物"图层传统补间动画创建

（7）执行【文件】|【导入】|【导入到库】命令，将"你若成风.mp3"音乐文件导入到库。在"水晶球"上方图层创建"音乐"图层，选中该图层某一帧，然后将该音乐文件从库中拖曳至舞台，此时可以观察到，该音乐文件在舞台中消失，"音乐"图层中显示声音波形。单击"音乐"图层的任意一帧，在【属性】面板中将【同步】选项设置为【数据流】，如图5-100所示。

（8）鼠标右键单击"人物遮罩"图层，在弹出的对话框中勾选【遮罩层】选项，将"人物遮罩"图层转换为遮罩层。至此，"水晶音乐相册"动画创建完成，通过【Ctrl】+【Enter】快捷键进行播放测试，测试效果如图5-101所示。

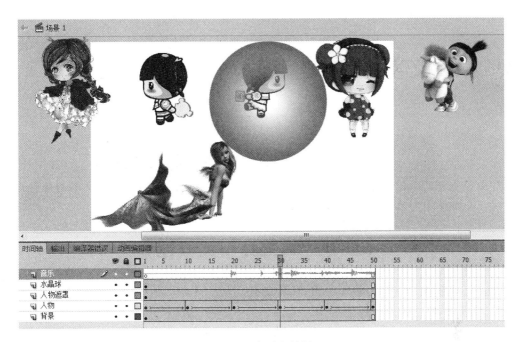

图 5-100　音乐文件导入

图 5-101　"水晶音乐相册"动画演示效果

第6章 文字动画

在 Flash 软件中,文字与图形、音乐等元素一样,可以作为一个对象应用到动画制作中,是影片中很重要的组成部分,具体操作通过【工具】面板中的【文本工具】与文本的属性设置来完成。合理使用文本工具,可以使 Flash 动画显得更加丰富多彩。

6.1 文本工具相关概述

文本工具 **T** 有两种:传统文本和 TLF 文本。

1. 传统文本

传统文本分为:静态文本、动态文本、输入文本。

创建静态文本时,可以将文本放在单独的一行中,该行会随着输入的文本而扩展;或者将文本放在定宽的文本块(适用于水平文本)或定高的文本块(适用于垂直文本)中,文本块会自动扩展并自动换行。在默认情况下,使用【文本工具】创建的文本框为静态文本框,静态文本在影片播放过程中是不会改变的。

在创建动态文本或输入文本时,可以将文本放在单独的一行中,或创建定宽和定高的文本块。动态文本是可以变化的,可以用 ActionScript 对动态文本框中的文本进行控制,这样就大大增加了影片的灵活性。

输入文本:用户可以在影片播放过程中即时地输入文本,一些用 Flash 制作的留言簿和邮件收发程序都大量使用了输入文本。

2. TLF 文本

TLF 文本又分为:只读、可选、可编辑。TLF 文本不支持 PostScript Type1 字体,仅支持 Open Type 和 TrueType 字体。

TLF 文本分为:只读、可选、可编辑。

创建只读文本时,在生成 SWF 动画中,文本只能被看到,无法选中或编辑。

创建可选文本时,在生成 SWF 动画中,可以选中文本,并可复制到剪贴板,但是不能编辑。对于 TLF 文本工具,此设置是默认设置。

创建可编辑文本时,在生成 SWF 动画中,可以选中和编辑文本。

与传统文本相比,TLF 文本提供了下列增强功能:

(1)提供更多字符样式,包括行距、连字、加亮颜色、下画线、删除线、大小写、数字格式等。

(2)提供更多段落样式,包括通过栏间距支持多列、末行对齐选项、边距、缩进、段落间距和容器填充值。

(3)控制更多字体属性,包括直排内横排、标点挤压、避头尾法则类型和行距模型。

（4）可以为 TLF 文本应用 3D 旋转、色彩效果以及混合模式等属性，而无需将 TLF 文本放置在影片剪辑元件中。

（5）文本可按顺序排列在多个文本容器。这些容器称为串接文本容器或链接文本容器。

（6）能够针对阿拉伯语和希伯来语文字创建从右到左的文本。

（7）支持双向文本，其中从右到左的文本可包含从左到右文本元素。当遇到在阿拉伯语或希伯来语文本中嵌入英语单词或阿拉伯数字等情况时，此功能必不可少。

6.2　编　辑　文　本

6.2.1　创建文本

1. 创建文本

在工具箱中选择【文本工具】T，在属性面板中设置大小为 36 点，颜色为黑色，在舞台上单击，即会在舞台中出现文本框，可以在其中输入文字信息。在文本框中输入文本"Flash 文字编辑"，如图 6-1 所示，默认输入的是传统文本中的静态文本。

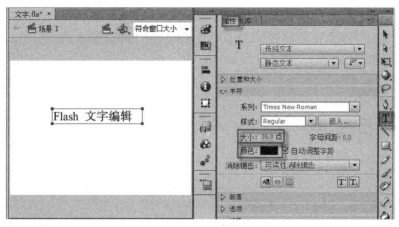

图 6-1　创建文本

2. 修改文本

如果要修改文本的内容，必须在鼠标处于文字工具状态，移动鼠标指针到舞台上需要修改的文字的文本框上，待鼠标指针变形后单击文本框，就可以修改文本框中的文本内容了。

6.2.2　文本变形

用户可以使用对其他对象进行变形的方式来改变文本块，可以缩放、旋转、倾斜和反转文本块，以产生有趣的效果。如果将文本块当作对象进行缩放，则字号的大小不会反映在【属性】检查器中。

文本变形的通常操作步骤如下：

（1）利用【文本工具】在舞台上输入文字。

117

（2）单击【工具】面板中的【选择工具】，然后单击文本块，文本块的周围会出现蓝色边框，表示文本块已经被选中，如图6-1所示。

（3）单击【工具】面板中的【任意变形工具】，文本块的四周会出现调整手柄，并显示出文本的中心点，如图6-2所示。

（4）对手柄进行拖曳，可以调整文本的大小、倾斜度和旋转角度等，如图6-3所示。

图6-2　使用任意变形工具　　　　　　　　　图6-3　文字变形

6.2.3　分离文本

文本可以分离为单独的文本块，还可以将文本分散到各个图层中。

1. 分离文本

分离文本为单独的文本块，方法如下：

使用【选择工具】，选择文本块，在菜单中选择【修改】|【分离】命令（快捷键是【Ctrl】+【B】），这样文本中的每个字将分别位于一个单独的文本块中，如图6-4所示。如果多次分离，文本会变成离散的图形，如图6-5所示。

图6-4　分离成文本块　　　　　　　　　图6-5　分离成离散的图形

注意：【分离】命令只适用于轮廓字体，如TrueType字体。

---

2. 分散到图层

分离文本后可以迅速地将文本分散到各个层。

常用操作步骤如下：

（1）输入文字"文字编辑"到舞台中。

（2）用【选择工具】选中该文字。

（3）分离文字成独立的文字块。

（4）选择【修改】|【时间轴】|【分散到图层】命令，如图6-6所示。或者右击快捷菜单并选择【分散到图层】命令，如图6-7所示。这时将把文本块分散到自动生成的图层中，如图6-8所示，然后就可以分别为每个文本块制作动画了。

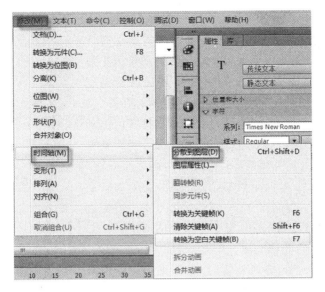

图 6-6　主菜单方式

图 6-7　快捷菜单方式

图 6-8　文本块分散到图层

6.3　文本字符属性

【文本工具】的【属性】面板如图 6-9 所示。

- 【文本类型】：用来设置所绘文本框的类型，有两个选项，分别为【TLF 文本】和【传统文本】。

- 【位置和大小】

【位置】：可以双击 X、Y 轴的数值来激活键盘输入，然后直接输入数字，来设置文本在舞台上所处的位置。也可以在数值上按住鼠标，通过左右拖曳鼠标来放大或缩小数值以实现对文本在舞台上位置的控制。在 X、Y 用于指导文本在舞台中的 X 坐标和 Y 坐标（在静态文本类型下调整 X、Y 坐标无效)。

【宽度】/【高度】设定文本输入框的高度和宽度在属性
面板中输入数值设定宽度和高度后 Flash 会自动将可扩展
文本框转换为限制范围文本框。设置文本块区域的高度
(在静态文本时不可用),(将宽度值和高度值锁定在一起)
为断开长宽比的锁定,单击后将变成(将宽度值和
高度值锁定在一起),即将长宽比锁定按钮,这时若调整宽
度或高度,另一个参数相关联的高度和宽度也随之改变。

【锁定】:如果所示为锁定状态,作用是将宽度和高度
值固定在同一比例上,当修改其中一个值时,另一个数值也
同比变大或缩小,单击这个按钮,可以解除比例锁定。

【字符】:设置字符的相关属性。

【系列】:单击这个下拉列表框,可以预览到文本中所
有字体,并且对文本字体进行设定。

图 6-9 【文本工具】属性

【样式】:从中可以选择 Regular(正常)、Italic(斜体)、Bold(粗体)、Bold Italic(粗斜体)
选项,设置文本样式。

【大小】:调节文本字体大小,单位为磅。

【字母调整】:可以使用它调整选定字符或整个文本块的间距。可以在其文本框中输
入−60~+60 之间的数字,单位为磅,也可以通过右边的滑块进行设置。

【颜色】:单击颜色缩略图即可弹出颜色选项卡,光标将变为吸管形状。用户可以用吸
管直接在色卡中选择颜色,也可以通过在左上角输入色彩 16 位数值,或单击左上角调色板
符号来选择颜色。同时还可以通过调整 Alpha 值来对字符的透明度进行设置。

【消除锯齿】:包括如图 6-10 所示选项,设置文本边缘的锯齿,以便更清楚地显示较小
的文本。如果是 TLF 文字,则包括如图 6-11 所示选项。

图 6-10 消除锯齿

图 6-11 TLF 文本的消除锯齿

【使用设备字体】:此选项生成一个较小的 SWF 文件。此选项使用最终用户计算机上
当前安装的字体来呈现文本。

【可读性】:此选项使用高级消除锯齿引擎,提供了品质最高、最易读的文本。

【动画】:此选项生成可顺畅进行动画播放的消除锯齿文本。因为在文本动画播放时没
有应用对齐和消除锯齿,所以在某些情况下,文本动画还可以更快地播放。

【旋转】:可以选择文本的角度,选项如图 6-12 所示。文本旋转 270°,如图 6-13 所示。
再选择 0°,文本转回,如图 6-14 所示。此项只有 TLF 文本才有的属性。

图 6-12　【旋转】选项

图 6-13　旋转 270°

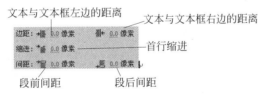

图 6-14　旋转 0°

6.4　文本段落属性

1. TLF 文本段落属性

选择 TLF 文本工具时,其中各种按钮的相关含义如下。

(1)"左对齐"按钮：使文字左对齐。

(2)"居中对齐"按钮：使文字居中对齐。

(3)"右对齐"按钮：使文字右对齐。

(4)"两端对齐,末行左对齐"按钮：使文字两端对齐,最后一行左对齐。

(5)"两端对齐,末行居中对齐"按钮：使文字两端对齐,最后一行中间对齐。

(6)"两端对齐,末行右对齐"按钮：使文字两端对齐,最后一行右对齐。

(7)"全部两端对齐"按钮：使文字全部两端对齐。

通过调整段落对齐下方的"边距""缩进"和"间距",可以调整文本的格式,如图 6-15 所示。

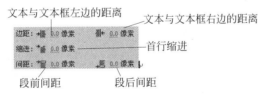

图 6-15　段落属性

对于 TLF 文本,还有高级段落属性、容器和流、色彩效果、显示属性等的设置。

2. 传统文本段落属性

选中传统文本工具时,其中各种按钮的相关含义如下。

(1)"左对齐"按钮：使文字左对齐。

(2)"居中对齐"按钮：使文字中间对齐。

(3)"右对齐"按钮：使文字右对齐。

(4)"两端对齐"按钮：使文字两端对齐。

(5)"间距"按钮：可以设置首行文字与文本框的左边框间的距离。

(6)"边距"按钮：可以设置文本与文本边框的左右边之间的距离。

6.5　对文字使用滤镜

在 Flash CS6 中,所有的文本模式,包括 TLF 文本和传统文本都可以被添加滤镜效果,这项操作主要通过【属性】面板中的"滤镜"选项组完成,如图 6-16 所示。用【选择工具】选中舞台中的文本,单击【添加滤镜】按钮后,即可打开滤镜菜单,如图 6-17 所示。

图 6-16　【添加滤镜】按钮　　　　　　　　　　　图 6-17　滤镜菜单

6.5.1　投影滤镜

使用【文本工具】设置文字大小 36 磅,颜色为"红色",在舞台中输入文字"投影文本",使用【选择工具】选中该文字,在投影菜单中选择"投影"滤镜,出现如图 6-18 所示的属性面板。

"模糊 X"和"模糊 Y":投影的宽度和高度。

"强度":投影显示的强度。

"品质":设置投影的质量级别。

"角度":投影的方向,即光照方向。

"距离":投影与文字之间的距离。

"挖空":把文字中间挖空。

"内阴影":投影在文字线条内部。

图 6-18　投影属性面板

"隐藏对象":把文字隐藏起来,只出现投影文字。

"颜色":投影的颜色,可以不是黑色。

文字效果如图 6-19 所示。

可以设置相应投影属性以改变投影效果。比如,改变投影距离为 8 像素,文字投影效果如图 6-20 所示。

图 6-19　投影文字效果　　　　　　　　　　　图 6-20　修改投影距离

6.5.2　模糊滤镜

选择模糊滤镜,属性面板如图 6-21 所示。

"模糊 X"和"模糊 Y":设置模糊的宽度和高度。

"品质":设置模糊的质量级别。

文字效果如图 6-22 所示。

图 6-21　模糊滤镜属性面板

图 6-22　模糊效果

6.5.3　斜角滤镜

设置属性如图 6-23 所示,效果如图 6-24 所示,有浮雕的效果。

图 6-23　斜角滤镜属性面板

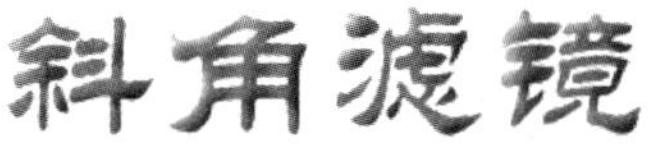

图 6-24　内部斜角效果

在属性面板中各参数效果与投影参数效果相同。类型有三种:内侧、外侧和全部。斜角在内侧,如图 6-24 所示是内侧类型;斜角在外侧,如图 6-25 所示是外侧类型;斜角内外兼有,如图 6-26 所示是全部类型。

图 6-25　外部斜角效果

图 6-26　全部斜角效果

其他滤镜就不再一一列举,多种滤镜可以叠加使用,通过滤镜可以做出很多特殊效果的文字,大家不妨多试试。

6.6　章节实训——彩虹字

利用【文字工具】和其他工具结合,可以实现效果如图 6-27 所示彩虹字。

图 6-27　彩虹字效果

制作步骤:

(1) 新建一个 650 像素×360 像素的 ActionScript 3.0 文档,保存文件名为"彩虹字.fla"。

(2) 在"图层 1"中,单击菜单【文件】|【导入】|【导入到舞台】命令,把 image 文件夹下的

图片"彩虹.jpg"导入到舞台中,用【对齐】面板中【与舞台对齐】、【垂直中齐】、【水平中齐】使图片与舞台居中对齐。

(3)新建一个"图层2",用【文字工具】,在属性面板中设置文字属性,设置文字类型为传统文本、静态文本、字体为华文琥珀、大小为100点、颜色为"黑色",如图6-28所示。在舞台中输入文字"彩虹文字"。

(4)在图层面板中,右击"图层2",在快捷菜单中选择【遮罩层】命令,作为背景的图层1就消失,舞台上出现彩虹图片为底文字为轮廓的文字效果,如图6-27所示。

(5)如果把图层1中的内容换作导入到库里面的"动态背景.gif",调整到合适的大小和位置。按【Ctrl】+【Enter】快捷键测试动画效果,可以看到动态的文字效果,如图6-29所示。

图6-28 文字工具属性   图6-29 动态彩虹文字

6.7 章节实训——文字动画"讨厌"

在文字上添加前面学习的动画效果,就出现了文字动画,要实现如图6-37所示的文字动画效果需要如下步骤:

(1)新建一个Action Script 3.0文档,保存文件名为"文字动画2.fla"。

(2)新建图形元件"讨",执行【插入】|【新建元件】命令,选择图形元件,命名"元件1",使用【文字工具】,设置文字属性为"静态文本""方正舒体""100点""黑色"(当然,也可以选择其他喜欢的字体属性),在元件1中输入文字"讨",如图6-30所示。用【选择工具】选中"讨"字,用【对齐】面板设置【相对于舞台】、【水平中齐】、【垂直中齐】。

(3)新建图形元件,执行【插入】|【新建元件】命令,选择图形元件,命名"元件2",右击时间轴上第1帧,并选择快捷菜单中的"粘贴帧",得到和元件1相同的帧。用【Ctrl】+【B】快捷键打散1次,用橡皮擦擦掉其余部分,留下如图6-31所示图形。

(4)新建图形元件,执行【插入】|【新建元件】命令,选择图形元件,命名"元件3",右击时间轴上第1帧,并选择快捷菜单中的"粘贴帧",得到和元件1相同的帧。用【Ctrl】+【B】快捷键打散1次,用橡皮擦擦掉其余部分,留下如图6-32所示图形。

图6-30 图形元件"讨"   图6-31 图形元件"横"   图6-32 图形元件"元件3"

（5）新建图形元件"厌"，执行【插入】|【新建元件】命令，选择图形元件，命名"元件 4"，使用【文字工具】，设置文字属性为"静态文本""方正舒体""100 点""黑色"（当然，也可以选择其他喜欢的字体属性），在元件 1 中输入文字"厌"，如图 6-33 所示。用【选择工具】选中"厌"字，用【对齐】面板设置【相对于舞台】、【水平中齐】、【垂直中齐】。

（6）回到场景 1 中，修改图层 1 名称为"讨"，拖入元件 1 实例，新建图层 2，更名为"厌"，拖入元件 4 实例，用【选择工具】同时选中两个实例，用【对齐】面板设置【垂直中齐】。

（7）新建图层 3，更名图层名为"横"，拖入元件 2，放到"讨"实例的对应位置。用【任意变形工具】把变形中心拖到左边，如图 6-34 所示。在图层"讨"的第 2 帧，拖入元件 3 的实例，利用【绘图纸外观】对齐第 1、第 2 帧的位置，使之完全重合，在第 50 帧处插入帧。

图 6-33 图形元件"厌"

图 6-34 拖动变形中心

（8）在图层"横"中，在第 2 帧插入关键帧，用【任意变形工具】稍微拉长元件实例。为了方便对齐，打开【绘图纸外观】。在第 3 帧插入关键帧，继续用【任意变形工具】拖长"横"，并往右上方旋转，使之能拍打到旁边的"厌"字。在第 8 帧处插入关键帧，用【任意变形工具】旋转"横"，使之有拍下的感觉。在第 50 帧处插入帧。

（9）在图层"厌"的第 4 帧处插入关键帧，用【任意变形工具】把"厌"实例的变形中心拖到"厌"字的正下方句柄（作为"厌"字倒下的旋转中心），在第 9 帧处插入关键帧（有被拍到了才倒下的感觉），用【任意变形工具】旋转"厌"实例，如图 6-35 所示。在第 11 帧处插入关键帧，把"厌"字往上旋转一点；在第 13 帧处插入关键帧，把"厌"字往下旋转一点；在第 15 帧处插入关键帧，把"厌"字往上旋转一点；选择第 4 帧，复制帧，到第 17 帧处粘贴帧；在第 50 帧处插入帧。

图 6-35 拍倒了"厌"字

（10）在图层"横"中，复制第 1 帧，粘贴到第 17 帧处。时间轴示例如图 6-36 所示。动画运行效果截面如图 6-37 所示。

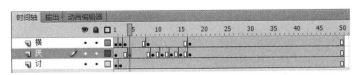

图 6-36 时间轴示例

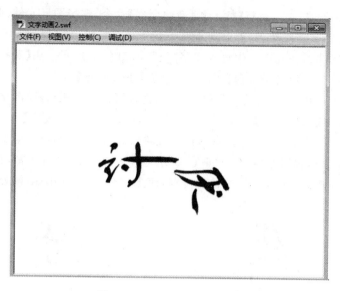

图 6-37   动画运行效果截面

第 7 章　多媒体素材的应用

Flash 动画不同于传统的动画,它不仅可以使用文字、图像等元素,还可以整合声音和视频元素。通过添加声音和视频文件等多媒体素材可以丰富动画的内容,增强动画效果,使动画更生动有趣。

本章主要介绍如何在 Flash 动画中添加和编辑声音和视频。

7.1　Flash CS6 支持多媒体素材的类型

Flash CS6 是一个功能强大的多媒体制作软件,允许用户将文字、图像、声音和视频融为一体,从而创作出丰富的动画文件。Flash CS6 支持很多的多媒体素材,其中支持的声音文件格式有 WAV、MP3、AIFF、AU 和 ASND 等。如果系统安装了 QuickTime 4 或更高版本,还可以导入 Sound Designer Ⅱ,只有声音的 Quick Time 影片、Sun AU、System 7 声音文件格式。

在 Flash CS6 中,根据视频导入的方式不同所支持的视频格式也略有不同。如果是通过外部视频文件的方式来播放视频,所支持的视频格式文件有 FLV、F4V(H.264)、MP4、MOV、3GP、DV、AVI、MPG 等;如果是将视频文件导入到 Flash 文件内播放,那么就只能支持 FLV 视频格式。

如果要导入 Flash 的声音或视频文件不是所支持的格式,那么需要首先利用其他转换工具将其转换为所支持的格式,才能导入到 Flash。

7.2　使 用 声 音

在 Flash 中导入的声音一般分为两种:事件声音和流式声音(音频流)。

事件声音是指将声音与一个事件相关联,只有当该事件被触发时才会播放声音。事件声音一般应用在按钮或是固定的动作中的声音,比如单击某个按钮时就会发出相应的声音。事件声音必须完全下载后才能开始播放,而且无论什么情况下,事件声音都会从头播放,不会中断,除非明确将其停止,否则会一直连续播放。

流式声音使用了当前网络中流行的流技术,使得音频流在前几帧从服务器下载了足够的数据后就开始播放,所以流式声音是可以一边下载一边播放的声音,它与时间轴同步,以便在网站、电影和 MV 中同步播放。流式声音一般应用在电影的背景音乐中。

7.2.1　声音元件的管理

要在 Flash 中使用声音,必须先把声音导入到 Flash 软件中,操作方法为:单击【文件】|【导入】|【导入到库】或【导入到舞台】命令,弹出如图 7-1 所示的【导入】或【导入到库】对话

图 7-1 【导入】对话框

框。在对话框中选择要导入的声音文件,单击【打开】按钮即可。

　　因为声音元件要占用较多的磁盘空间和内存,所以在导入声音时应该综合考虑想要得到什么效果,根据自己的需求选择不同质量的音频文件。例如,如果想要得到较高质量的音效,可以导入采样率为 22kHz 的 16 位立体声声音文件;如果想提高动画的传输速度,对声音的质量要求不高,那就要控制文件的大小,可以导入 8kHz 的 8 位单声道声音文件。

　　需要注意的是,无论使用哪种方法导入声音时,导入的声音不能自动加载到舞台的当前图层中,只能将声音导入到 Flash 的【库】面板,作为元件存放在库中,可以被反复使用。因此,在导入声音文件时,选择【导入到库】或【导入到舞台】的效果是一样的。

　　单击【窗口】|【库】,或者按下【Ctrl】+【L】组合键,打开【库】面板,可以看到刚刚导入的声音文件。单击对应的声音文件元件,可以在预览框中看到声音的波形,如图 7-2 所示。

　　在 Flash 中管理声音元件和管理其他元件相似,在【库】面板中可以完成对声音元件的重命名、剪切、复制、粘贴和删除等操作。

图 7-2 【库】面板的声音元件

7.2.2　为电影添加声音

　　在 Flash 电影中添加声音可以为影片增色不少,声音可以作为影片播放的背景音乐,也可以用来制作专业的动画,让图文动画和歌曲互相交织在一起,实现更完美的效果。

　　要向影片中添加声音,首先要将声音导入到库。如果已经导入声音,就可以把声音添加到影片中了。建议为每个声音元件都创建一个独立的声音图层,每个图层都作为一个独立的声道。这样做的好处是在制作 Flash 动画时,可以更方便管理和调整声音,单独地控制声音的开始和结束,让声音和动画互相不干扰,减少之间的冲突。

下面介绍导入声音到库后,如何在电影中添加声音的操作方法。

（1）在【时间轴】面板中单击【新建图层】按钮 🗊,或是单击【插入】|【时间轴】|【图层】命令,为声音元件创建一个新的图层,并命名为"声音",如图 7-3 所示。

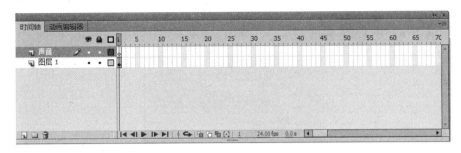

图 7-3　创建新的【声音】图层

（2）选中【声音】图层的第 1 帧,从【库】面板中把"插曲 3. mp3"声音元件直接拖到场景中,声音元件就添加到当前图层中了。此时图层中该帧发生变化,中间出现了一条蓝色短直线,如图 7-4 所示。

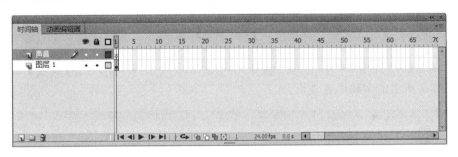

图 7-4　单帧添加声音

> 特别注意:声音元件必须添加在关键帧或空白关键帧上,另外,从库里面拖声音元件到【声音】图层时,如果该图层不只有一帧时,声音会一直延续到最后一帧,在【声音】图层上可以看到一条蓝色的声波形状,如图 7-5 所示。

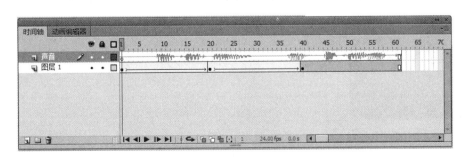

图 7-5　多帧添加声音

7.2.3 查看声波

一个动画文件中可以添加多个声音元件，声音元件可以单独放在多个图层上，每一图层相当于一个独立的声道，在播放影片时，所有层上的声音都将播放。

如果想要查看具体的声波，可以通过以下方式来查看。为了在时间轴面板上观测得更清楚，可以先将图层的高度放大。操作方法为双击【声音】图层图标，在弹出的【图层属性】对话框中设置【图层高度】选项的值为 300%，如图 7-6 所示。

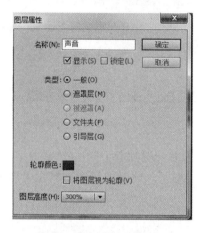

图 7-6 【图层属性】对话框

然后单击【时间轴】面板右上角的 ▤ 按钮，在弹出的下拉菜单中选择【预览】命令，就会看到如图 7-7 所示的多帧声音波形。

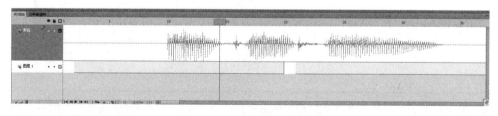

图 7-7 查看多帧声音波形

如果将声音元件放在单帧上，执行【预览】命令后会显示如图 7-8 所示的单帧声音波形。

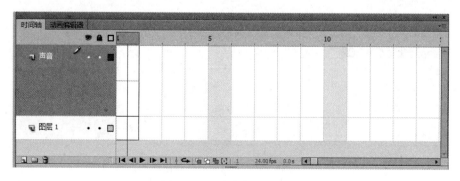

图 7-8 查看单帧声音波形

单帧声音波形文件可以通过建立帧的方法把声音波形展开,具体方法为选中第1帧,持续按【F5】键建立帧,直到声音波形完全显示,如图7-9所示。

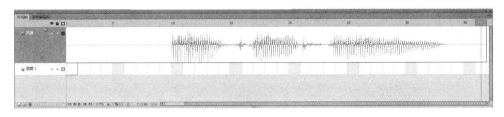

图 7-9　完全显示声音波形

需要注意,使用单帧存放声音和把声音波形展开这两种方式是不同的。在测试状态下(确保选择主菜单中的【控制】|【循环播放】命令),后者会不停地循环播放,而前者只播放一次就停止了。这表明前者使声音独立于时间轴之外播放,后者从理论上说也是独立于时间轴之外播放,但是使用该方法也可使音轨中的声音与动画同步。

7.2.4　为按钮添加声音

声音元件除了在电影中可作背景声音等普通用法外,还可以对 Flash 中的一些事件作出反应,比如在按钮中添加声音。在 Flash 中可以为按钮元件的不同状态设置声音,因为声音与元件一同存储,所以加入的声音将作用于所有基于按钮创建的实例,这就使得按钮产生了更富于表现力的效果。

具体操作方法如下。

(1)单击【插入】|【新建元件】命令,创建一个按钮元件,同时转换到按钮元件编辑状态,如图7-10所示。时间轴上有【弹起】、【指针经过】、【按下】、【点击】4帧,在这4帧插入关键帧并编辑好按钮的4个状态,如果事先已经创建好了按钮元件,可以在【库】面板中双击需要添加声音的按钮元件,进入按钮元件的编辑窗口。

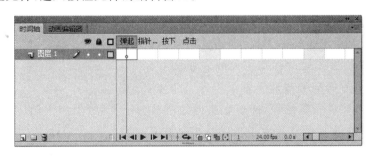

图 7-10　编辑按钮状态

(2)在按钮的时间轴上添加一个声音图层,命名为"声音"。在声音图层中为每个要加入声音的按钮状态创建一个关键帧,例如,若想使按钮在被按下时发出声音,可在按钮的标签处为"按下"的帧中插入关键帧,然后从【库】面板中拖动声音元件到舞台中,如图7-11所示,表示在标签处为"按下"的帧中添加了声音元件。

(3)如果希望按钮的不同状态有不同的声音关联,可在声音图层与之对应的位置上插入关键帧,然后为每个关键帧添加其他声音文件。为使按钮中不同的关键帧中有不同的声

图 7-11　为按钮添加声音

音,可把不同关键帧中的声音置于不同的层中,还可以在不同的关键帧中使用同一种声音,但使用不同的效果。

(4)测试声音效果。回到主场景,把按钮元件从【库】面板中拖到需要的地方,单击【控制】|【测试影片】|【测试】命令,或者按下【Ctrl】+【Enter】快捷键测试按钮的声音响应效果。

7.2.5　Flash CS6 中的声音设置

Flash CS6 提供了强大而丰富的声音设置功能。下面重点介绍一下它们的功能和使用方法。

1. 声音的同步设置

将声音元件添加到 Flash 影片后,有时会遇到声音不同步的问题。所谓"同步",是指影片和声音的配合方式,用户可以根据需要决定声音与影片播放是否同步。设置声音的同步效果,可以通过【属性】面板的【声音】|【同步】选项进行设置,如图 7-12 所示。

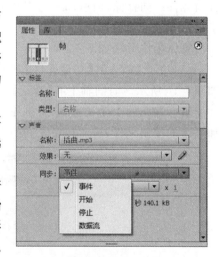

在【同步】选项的下拉列表中有 4 个选项,即【事件】、【开始】、【停止】和【数据流】。下面介绍这 4 个选项的作用和使用方法。

【事件】:系统默认的选项,表示把声音与某事件的发生同步起来。事件的声音在事件的起始帧开始显示时播放,独立于时间轴播放完整个声音。即使影片已经停止,只要事件没有结束,声音仍会继续播放。在浏览动画时必须等所有声音全部加载后才能播放,

图 7-12　声音【属性】面板中【同步】选项

如果声音文件比较大,会导致动画播放不流畅。当播放发布的影片时,事件和声音是混合在一起的。例如,在影片中给按钮加了很长时间的声音,单击该按钮,声音开始播放,过了一小段时间声音还没有结束时再次单击该按钮,则在原有声音继续播放的同时,另一个声音也将开始播放。

【开始】:该选项和上一个【事件】选项功能基本一致,也是表示把声音与某事件的发生同步起来,与【事件】不同的是多出一项检测是否有重复声音的功能。如果声音正在播放,即使多次单击也不会播放新的声音。

【停止】:该选项可以使指定的声音静音。例如,在影片的第 1 帧导入声音,而在第 50

帧处插入一个关键帧,选择要停止播放的声音,将【同步】选项设置为【停止】,则声音播放到第 50 帧时就停止播放。

【数据流】:该选项中主要用在互联网上同步播放声音,选中该选项会协调动画与声音流,强制动画和声音同步。如果动画的速度跟不上,将省略某些帧的播放。与【事件】声音不同,声音流会随着影片的停止而停止。声音流的播放长度绝对不会超过它所占帧的播放时间。发布影片时,声音流会和动画混合在一起播放。【数据流】声音通常用作动画的背景音乐。

2. 声音的效果设置

在影片中添加了声音文件后,可以为声音添加不同的声音效果,包括淡入、淡出、左右声道的不同播放等。设置声音效果后,即使是同一个声音文件,也能做出不同的听觉效果。具体操作方法可以通过【属性】面板的【声音】|【效果】选项来实现,如图 7-13 所示。

【无】:表示不对声音设置特效,如果之前有声音特效,选择该项可取消以前设定的效果。

【左声道】/【右声道】:表示只在左声道或者右声道播放声音。

【向右淡出】/【向左淡出】:表示使声音的播放从指定的一个声道切换到另一个声道。

【淡入】:表示在声音播放期间逐渐增大音量。

【淡出】:表示在声音播放期间逐渐减小音量。

【自定义】:表示可以自行建立声音效果。可在如图 7-14 所示的【编辑封套】对话框中进行编辑,使用该选项与【编辑】按钮 效果相同。

图 7-13　声音【属性】面板中的【效果】选项

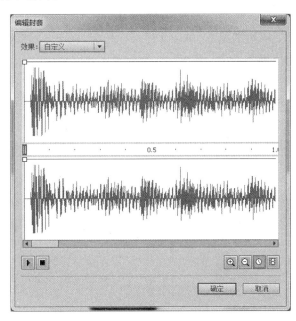

图 7-14　【编辑封套】对话框

【编辑封套】对话框可以对声音进行基本的编辑操作,比如删除声音文件的无用部分,调整声音文件的播放音量,实现淡入淡出等更复杂的音效。

如果想要删除声音文件的无用部分来减小文件大小,可以通过改变声音的起始点和终止点来完成,具体操作方法为拖曳【编辑封套】对话框中间部分的【开始控件】和【停止控件】来设定声音播放的起始点和结束点。

如果想要以改变音量来实现更复杂的音效效果,可以通过【编辑封套】对话框中的两条音量线来控制,具体操作方法为拖曳两条音量线上的控制柄 ⼛ 来调节音量。在波形中越靠上声音越高,越靠下声音越低,通过调节音量就可以达到那些淡入淡出的效果。如果想要实现更复杂的音效,可通过在音量线上任意位置单击来增加控制柄。

【编辑封套】对话框中右下部有【放大】按钮 ⊕ 和【缩小】按钮 ⊝,可以对声波进行比例调整,以适合细节和整体编辑。例如,如果声音文件过大,可多次单击【缩小】按钮,直到看到所有的波形。后边还有两个按钮,分别是【秒】按钮 ⊘ 和【帧】按钮 ▦,用来控制标尺的时间单位,如果要在秒和帧之间切换时间单位,可单击对应的按钮。

【编辑封套】对话框中左下部有【播放】按钮 ▶ 和【停止】按钮 ■,可播放和停止当前编辑的声音效果,对声音的预览进行控制,方便声音的编辑。

3. 声音的重复和循环

在一个影片中,如果想要循环播放声音或是设定重复播放声音的次数,可在声音的【属性】面板中进行设置。在声音的【属性】面板中设置为【重复】,并在右侧的数值框中输入指定声音重复播放的次数即可。如果要连续循环播放声音,可以选择【循环】,以便在一段持续的时间内一直播放声音。不过不建议循环播放声音,因为如果将声音设为循环播放,帧就会添加到文件中,文件的大小就会根据声音循环播放的次数而倍增。

7.2.6 压缩 Flash 声音

一般情况下,声音文件都比较大,在 Flash 动画中使用了声音后,生成的动画文件也会相应增大不少。将 Flash 动画导入到网页中时,由于受到网络速度的限制,不得不考虑适当减少动画文件的大小,适当降低保真效果。因此压缩声音文件是非常必要的。

对声音文件的压缩可以通过【声音属性】对话框来完成。具体操作方法为:在【库】面板中选择需要压缩的声音文件右击,在快捷菜单中选择【属性】,弹出【声音属性】对话框。在该对话框中单击【压缩】选项,在下拉列表中根据需求选择相应的压缩格式,如图 7-15 所示。

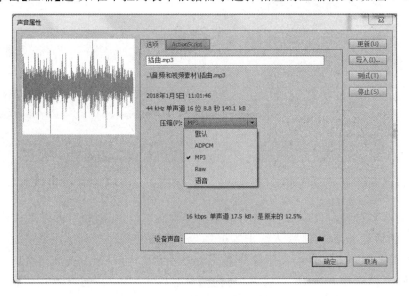

图 7-15 【声音属性】对话框

【声音属性】对话框的最上方用于显示声音文件的文件名、路径、创建时间和文件大小、长度等信息。【压缩】选项下拉列表中有 5 种压缩方式，分别为【默认】、【ADPCM】、【MP3】、【Raw】、【语音】。各种压缩格式对声音的压缩等级不同，生成的声音文件的质量和大小也不同。用户可根据自己的需求进行选择，一般情况下，要达到最佳效果，可反复进行不同的实验，找出最合适的压缩率和压缩方式。下面介绍这 5 种压缩方式。

1. 【默认】压缩

选择【默认】选项表示在导出影片时，将使用【发布设置】对话框中的默认压缩设置，没有附加压缩导出设置，如图 7-16 所示。

图 7-16　【默认】压缩设置

2. 【ADPCM】压缩

【ADPCM】压缩选项用于 8 位或 16 位声音数据的压缩，适用于较短的声音文件，例如单击按钮的声音等。选择【ADPCM】压缩选项后，【声音属性】对话框如图 7-17 所示。

【预处理】：选中【将立体声转换为单声道】复选框，可以将混合立体声转换为单声道。该选项对于单声道声音不产生影响。

【采样率】：用于控制声音保真度和文件大小。在下拉列表框中有 4 种采样率可供选择。用户可以根据需要进行选择，一般来说，采样率越高，声音的保真效果越好，但相应的文件也就越大；反之，采用率越低，文件就越小，会降低声音品质，达到节约存储空间的目的。

【ADPCM 位】：描述每个音频采样点的比特位数，用于确定声音压缩的位数。位数越高，描述声音的信息则越多，声音的品质就越高，但所占的空间也就越大。这与采样率是一个原理。

3. 【MP3】压缩

该选项适用于像歌曲类这样较长的流式声音文件。使用【MP3】压缩，可以以较小的比特率、较大的压缩比，达到近乎完美的 CD 音质。这是一种高效的压缩方式，既可以保证

图 7-17 【ADPCM】压缩设置

音频效果,又可以达到减少数据量的目的。选择该选项后,【声音属性】对话框如图 7-18 所示。

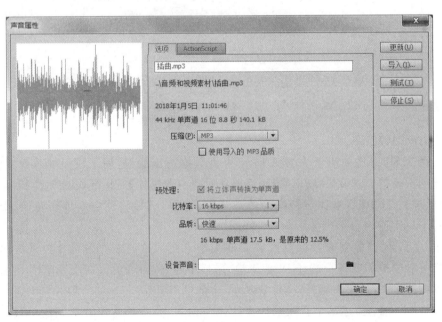

图 7-18 【MP3】压缩设置

【使用导入的 MP3 品质】:默认为选中状态,此时的 MP3 文件将以相同的设置来导出,如果取消选中后,可以对 MP3 压缩格式进行设置。

【预处理】:选中【将立体声转换为单声道】复选框,可以将混合立体声转换为单声道。

该选项对于单声道声音不产生影响。需要注意的是，只有在选择比特率为 20kbps 或更高时，【预处理】复选框才可用，否则将是灰色无法使用。

【比特率】：用于决定导出的声音文件中每秒播放的位数。在导出声音时，将比特率设为 16kbps 或更高，会达到最佳的效果。

【品质】：用于确定压缩速度和质量。【快速】压缩速度较快，但声音质量较低；【中】压缩速度较慢，但声音质量较高；【最佳】压缩速度最慢，但声音质量最高。

4.【Raw】压缩

选择该选项在导出声音时不进行压缩，即使用原始声音，数据量会特别大。只能设置【将立体声转换为单声道】和【采样率】，如图 7-19 所示。

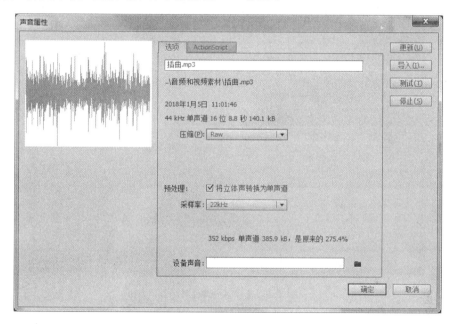

图 7-19　【Raw】压缩设置

5.【语音】压缩

该选项适用于语音的压缩方式导出声音，数据量比较小，主要用于动画中人物的配音。建议对语音采用 11kHz 比率。

7.3　使用视频

Flash CS6 是一个强大的多媒体制作软件，使用它可以将视频、图形、声音和交互式的控制融为一体，创作出高质量的视频动画。在动画中加入视频，不仅使内容更加丰富，而且可以产生画中画、音中音的效果，激发用户观赏的兴趣。

在 Flash 中使用视频有不同的方式：可以通过链接外部视频文件，也可以直接在本地把视频导入 Flash 进行播放。在平时的应用中，主要以选择本地计算机上的视频文件为主，下面主要介绍在本地计算机上两种导入视频的方式：创作内嵌视频的影片和创作播放本地外部视频的影片。

7.3.1 创作内嵌视频的影片

创作内嵌视频的 Flash 影片的步骤如下。

(1) 启动 Flash CS6,新建一个空白的 Flash 文档,单击【文件】|【导入】|【导入视频】命令,弹出【导入视频】对话框,如图 7-20 所示。在对话框中,选中【在您的计算机上】单选按钮,单击【浏览】按钮,在弹出的对话框中选择要嵌入的 FLV 视频。

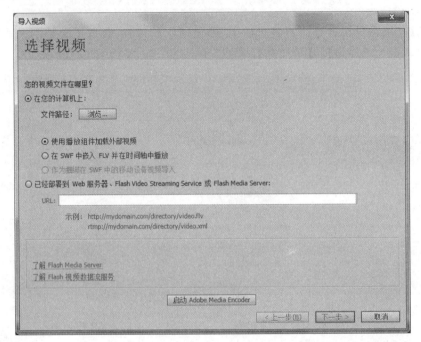

图 7-20 【导入视频】对话框

(2) 在【导入视频】对话框中选中【在 SWF 中嵌入 FLV 并在时间轴中播放】单选按钮,表示将把视频文件嵌入到 Flash 文档中。

(3) 单击【下一步】按钮,弹出【嵌入】对话框,如图 7-21 所示。在该对话框中根据需要选择用于将视频嵌入到 SWF 文件的符号类型。

【符号类型】:决定 Flash 嵌入视频的方式,包括三种。

- 嵌入的视频:将视频导入到主时间轴,直接嵌入为视频素材。这种比较适合在时间轴上线性播放视频剪辑的场合。
- 影片剪辑:将视频嵌入为视频素材,同时添加到新建的影片剪辑元件中。这种符号类型便于控制,同时视频的时间轴独立于主时间轴进行播放,也便于管理。
- 图形:只嵌入视频的第一帧,并将其转换为图形元件。将视频置于图形元件中时,无法使用 ActionScript 与该视频进行交互。

【将实例放置在舞台上】:默认情况下,系统选中该选项,表示在导入视频的同时,在舞台中将创建一个视频的实例;如果不勾选,则只将视频导入到【库】面板,而不会放在舞台上。

【如果需要,可扩展时间轴】:默认情况下,系统选中该选项,表示在导入视频的同时,会根据导入视频的帧数来扩展时间轴帧,以适应要嵌入的视频剪辑的回放长度。

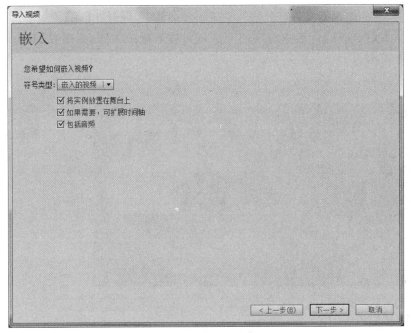

图 7-21 【嵌入】对话框

【包括音频】：默认情况下，系统选中该选项，表示在导入视频时连同音频一起导入，反之，则只导入视频画面，而不导入视频中的声音。

（4）在【嵌入】对话框中选择选择用于将视频嵌入到 SWF 文件的符号类型，并根据需要勾选其下方的 3 个复选框。设置完成后，单击【下一步】按钮，弹出如图 7-22 所示的【完成视频导入】对话框，单击【完成】按钮即可完成导入视频。

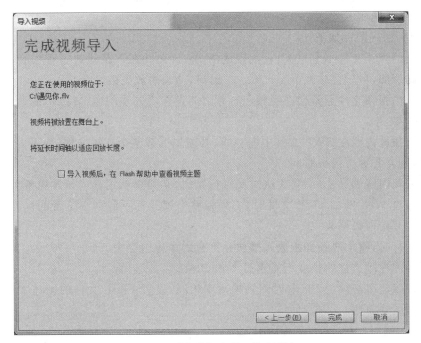

图 7-22 【完成视频导入】对话框

（5）现在，导入的视频文件已经嵌入到 Flash 文件中，同时在【库】面板中可以看到导入的视频文件。在【时间轴】面板中拖曳时间线即可查看播放效果，或者按【Enter】键预览效果，如图 7-23 所示。

图 7-23　预览效果

当用户创作内嵌视频时，所有的视频文件数据都将添加到 Flash 文件中，这样会导致 Flash 文件及生成的 SWF 文件大小比较大。内嵌视频被直接放置在时间轴上，可以在【时间轴】面板上查看单独的视频帧。对于播放时间少于 10 秒的较小视频文件，嵌入视频的效果最好。如果导入的视频文件比较长，可以考虑使用渐进式下载的视频，或者使用 Flash Media Server 传送视频流。

内嵌视频的局限性如下：

- 内嵌的视频文件不宜过大，否则生成的 SWF 文件在下载播放过程中会占用系统过多的资源，可能会导致 Flash Player 出错，动画播放失败。
- 较长的视频文件通常会在视频和音频之间存在不同步问题，导致不能达到预期的收看效果。
- 如要播放内嵌在 SWF 文件中的视频，必须先下载整个视频文件，如果内嵌的视频过大，则需要等待很长时间。
- 将视频内嵌到影片后，将无法对其进行编辑，必须重新编辑和导入视频文件。
- 在通过 Web 发布 SWF 文件时，必须将整个视频都下载到浏览者的计算机上，然后才能开始视频播放。
- 在运行时，整个视频必须放入播放计算机的本地内存中。
- 导入的视频文件的长度不能超过 16 000 帧。
- 视频帧速率必须与 Flash 时间轴帧速率相同，设置 Flash 文件的帧速率以匹配内嵌视频的帧速率。

7.3.2 创作播放本地外部视频的影片

使用 Flash CS6 除了可以创作内嵌视频的影片外,还可以利用 FLVPlayback 组件来创作播放本地外部视频的影片。在网络上播放视频时,需要将 SWF 文件与视频文件一起上传到服务器上。

创作播放本地外部视频的影片的具体操作方法为:

(1) 单击【文件】|【导入】|【导入视频】命令,弹出如图 7-20 所示的【导入视频】对话框。

(2) 在该对话框中,选中【在您的计算机上】单选按钮,单击【浏览】按钮,在弹出的对话框中选择要使用的视频。

(3) 在【导入视频】对话框中选中【使用播放组件加载外部视频】单选按钮,单击【下一步】按钮,弹出如图 7-24 所示的【设定外观】对话框。在【外观】下拉列表中选择所需要的视频外观,单击右侧的【颜色】色块,在弹出的颜色调色板中设置外观的颜色。【URL】系统默认下,该处为灰色不可用状态。如果在上方的【外观】下拉列表中选择了【自定义外观 URL】选项,那么此处就可以输入服务器上外观的 URL,选择自己设计的自定义外观。

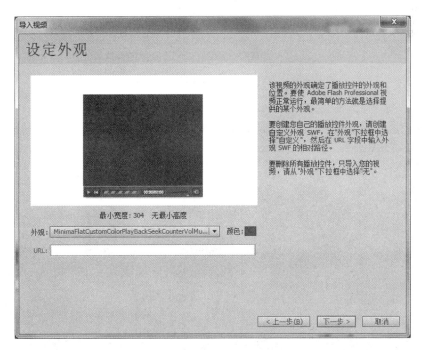

图 7-24 【设定外观】对话框

(4) 单击【下一步】按钮就可以结束设置,一般会出现一个【完成视频导入】的对话框,提醒设置已经结束,单击【完成】按钮即可关闭对话框。

(5) 导入视频后,在 Flash 文件中创建 FLVPlayback 组件,通过 FLVPlayback 组件可以播放刚刚导入的视频文件,如图 7-25 所示。

(6) 按下【Ctrl】+【Enter】快捷键可以查看播放效果,如图 7-26 所示。

加载的外部视频文件　创建的视频播放组件

图 7-25　播放组件

图 7-26　播放效果

7.4 章节实训——峨眉茶·味

下面将通过一个实例"峨眉茶·味.fla"文件的制作,来更好地了解如何在 Flash 中加入内嵌视频。在实例当中会涉及一些新知识,比如用按钮控制视频的播放、暂停和停止等,大家可按要求先操作,相关代码如有不明白的地方,会在后面的章节中详细介绍。

具体操作步骤如下:

(1)启动 Flash CS6,在欢迎用户界面上单击【新建】|【Action Script 2.0】命令,创建一个新的文档,保存为"峨眉茶·味.fla"。

(2)单击【文件】|【导入】|【导入视频】命令,在弹出的【导入视频】对话框中选中【在您的计算机上】单选按钮,再选中【在 SWF 中嵌入 FLV 并在时间轴中播放】单选按钮,然后单击【浏览】按钮,在打开的对话框中选择事先准备好的视频文件"峨眉茶·味.flv",如图 7-27 所示。

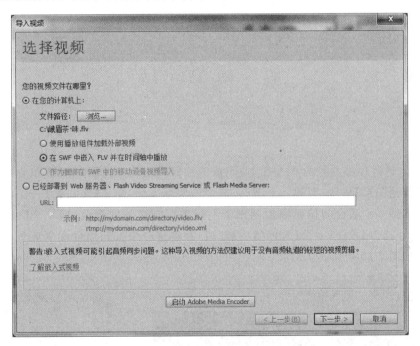

图 7-27 【导入视频】对话框设置

(3)单击【下一步】按钮,弹出【嵌入】对话框,在【符号类型】中选择【影片剪辑】,其他选项默认设置,如图 7-28 所示。

(4)单击【下一步】按钮,弹出【完成视频导入】对话框,单击【完成】按钮,即可完成视频导入操作,视频嵌入在图层 1 的第一帧,并且作为影片剪辑元件导入到库。

(5)为达到比较好的视觉观看效果,根据视频文件大小修改文档属性。在工作区域空白处右击,选择【文档属性】,在弹出的对话框中设置【尺寸】宽度为:856 像素,高度:480 像素。

(6)为导入的影片剪辑元件添加一个帧脚本语句,以使该影片剪辑在播放时先停止在第 1 帧。首先进入影片剪辑的编辑状态,然后在【时间轴】面板中单击【新建图层】按钮,新建一个图层,选中该层第 1 帧,按【F9】键弹出【动作】面板,在该面板上输入下面的一行脚本

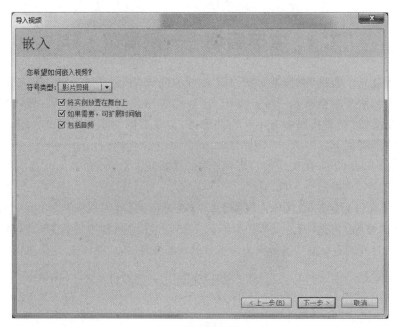

图 7-28 【嵌入】对话框设置

语句：

    Stop();

（7）单击舞台顶部左侧的 ⇦ 按钮，关闭该影片剪辑元件并返回到场景 1，在【时间轴】面板中单击【新建图层】按钮，新建一个图层，选中该层第 1 帧，单击【窗口】|【公用库】|【按钮】命令，从中选择 3 个适合的按钮添加到舞台上用来控制视频的播放，即一个【开始播放】按钮，一个【停止播放】按钮，一个【暂停播放】按钮，并将这三个按钮组件实例放置到舞台上的合适位置，如图 7-29 所示。

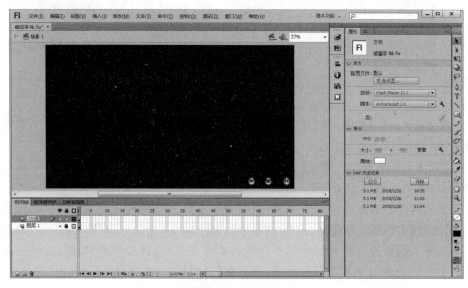

图 7-29 添加按钮

（8）添加脚本语句以控制视频的播放。在这之前，先为舞台上的影片剪辑元件实例定义一个实例名称，即 mtv_mc，如图 7-30 所示。

选中第 1 个【开始播放】按钮，按【F9】键弹出【动作】面板，输入下面几行脚本语句。

```
on (release) {
    mtv_mc.play();
}
```

选中第 2 个【停止播放】按钮，按【F9】键弹出【动作】面板，输入下面几行脚本语句。

```
on (release) {
    mtv_mc.gotoAndStop(1);
}
```

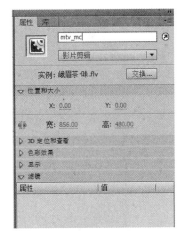

图 7-30　为影片剪辑元件实例定义实例名称

选中第 3 个【暂停播放】按钮，按【F9】键弹出【动作】面板，输入下面几行脚本语句。

```
on (release) {
    mtv_mc.stop();
}
```

（9）按【Ctrl】+【Enter】快捷键，导出 SWF 影片，测试效果。单击【开始播放】按钮，视频剪辑开始播放；单击【停止播放】按钮，视频剪辑停止播放并返回起始画面；单击【暂停播放】按钮，视频剪辑暂停在当前画面。

（10）测试成功后，再次单击【文件】|【保存】命令，保存"峨眉茶·味.fla"源文件。

7.5　章节实训——遇见美好

下面将通过一个实例"遇见美好.fla"文件的制作，来更好地了解如何在 Flash 中加入视频和声音。先在该实例中导入一段视频，导入的时候去掉视频的声音，然后重新导入一段音频，给视频的画面重新配音。

具体操作步骤如下：

（1）启动 Flash CS6，在欢迎用户界面上单击【新建】|【Action Script 2.0】命令，创建一个新的文档，保存为"遇见美好.fla"。

（2）单击【文件】|【导入】|【导入视频】命令，在弹出的【导入视频】对话框中选中【在您的计算机上】单选按钮，再选中【在 SWF 中嵌入 FLV 并在时间轴中播放】单选按钮，然后单击【浏览】按钮，在打开的对话框中选择事先准备好的视频文件"遇见美好.flv"。

（3）单击【下一步】按钮，弹出【嵌入】对话框，在【符号类型】中选择【嵌入的视频】，取消选中【包括音频】复选框，如图 7-31 所示。

（4）单击【下一步】按钮，弹出【完成视频导入】对话框，单击【完成】按钮，视频便被嵌入到图层 1 的第 1～742 帧。为达到比较好的视觉效果，根据视频文件大小修改文档属性。在工作区域空白处右击，选择【文档属性】命令，在弹出的对话框中设置【尺寸】为宽度：1280

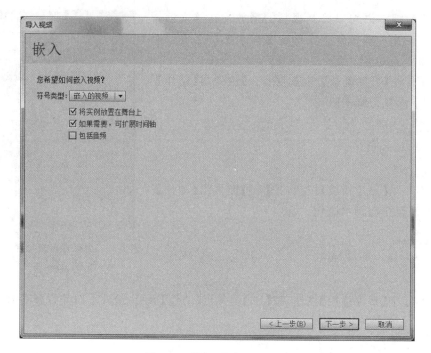

图 7-31 【嵌入】对话框设置

像素,高度：720 像素。

（5）单击【文件】|【导入】|【导入到舞台】命令,在弹出的对话框中选择事先准备好的音乐文件"遇见美好背景音乐.mp3",把声音导入到库。

（6）在【时间轴】面板中单击【新建图层】按钮,新建一个图层,命名为"背景音乐"。选中该图层的第 1 帧,从【库】面板中把"遇见美好背景音乐.mp3"声音文件直接拖到舞台中,声音文件就添加到当前图层中了,【时间轴】面板如图 7-32 所示。

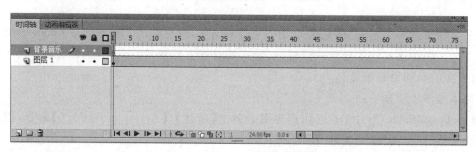

图 7-32 【时间轴】面板设置

（7）声音文件的播放时间远长于视频播放时间,可以在【库】面板中选中声音文件,在其【属性】面板中的【效果】下拉列表中选择【自定义】选项,弹出【编辑封套】对话框,在对话框中通过拖动【停止控件】 ,改变声音播放的结束点位置,和视频文件帧长度保持一致,如图 7-33所示。

（8）按【Ctrl】+【Enter】快捷键,导出 SWF 影片,测试动画文件效果,如图 7-34 所示。

（9）测试成功后,再次单击【文件】|【保存】命令,保存"遇见美好.fla"源文件。

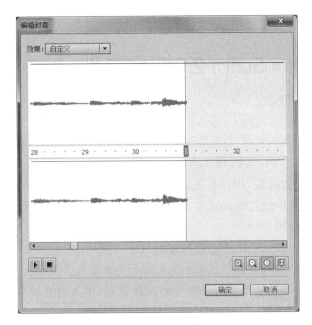

图 7-33　【编辑封套】对话框

图 7-34　【遇见美好】影片测试效果

第 8 章 ActionScript 2.0编程基础

前面的章节,介绍了Flash各种动画的制作方法,由此可以创造各种各样的动画效果。但是,这些动画在播放的时候,用户是无法自由控制的,也无法和动画形成交互,这是因为动画的效果在制作的过程中就已经确定了,必须改变原始的FLA文件,才能改变动画本身,这就大大限制了动画的应用范围。

为了解决Flash动画交互以及动画控制的问题,Flash使用ActionScript(动作脚本,简称AS)来实现对动画的各种控制。ActionScript大大地扩充了Flash动画的外延,不仅实现了动画的交互及控制,而且逐步发展成独立的编程语言,成为强大的多媒体跨平台创作开发工具。

8.1 ActionScript 发展简介

8.1.1 ActionScript 简介

ActionScript是Flash的脚本解释语言,可以实现Flash中内容与内容、内容与用户之间的交互。AS的解释工作由Action Virtual Machine(动作虚拟机,简称AVM)来执行,所以又把AVM称之为AS虚拟机,类似于Java虚拟机(JVM)。AVM嵌入在Flash Player中,是Flash Player播放器中的一部分。若要执行AS语句,首先要通过Flash创作工具将其编译生成二进制代码,而编译过的二进制代码成为SWF文件中的一部分,然后才能被Flash播放器执行。

8.1.2 ActionScript 发展历史

ActionScript 1.0最初起源于ECMAScript标准,诞生于Flash 5,其运行速度非常慢,而且灵活性较差,无法实现面向对象的程序设计。Flash 6(MX)通过增加大量的内置函数和对动画元素更好的编程控制,更进一步增强了编程环境的功能。

Flash 7(MX 2004)对ActionScript再次进行了全面改进,ActionScript2.0版横空出世,它增加了强类型(strong typing)和面向对象特征(如显式类声明、继承、接口和严格数据类型),ActionScript终于发展成为真正意义上的专业级的编程语言。

在Flash 8中,增加用于运行时图像数据控制和文件上传的新类库及APIs,使得ActionScript 2.0功能更为完善,同时扩展了运行时的功能,改进了外部API之间的Flash至浏览器的通信,支持综合的、复杂的应用程序的文件上传和下载功能。所以基于ActionScript 2.0的Flash 8在Internet上大放异彩,成就了Flash动画在Internet上的霸主地位。

但是,随着 Rich Internet Application(富互联网应用,简称 RIA)规模不断扩大,大型项目不断涌现,对 ActionScript 来说,不管是语言还是在性能上,都亟需一个重大的突破。Flash Player 9 版本首次引入了 ActionScript 3.0 和新一代的 ActionScript 引擎——ActionScript Virtual Machine 2(AVM2),AVM2 显著超越了使用 AVM1 可能达到的性能。ActionScript 3.0 成为完全意义上的面向对象的编程语言,使其在大型项目的开发上,无论是开发效率还是运行效率都要高得多,这显然对程序员来说是一个好消息,但是对于动画创作人员和从事 Flash 小项目开发的人员来说,却不得不面临学习一门全新计算机编程语言的困难,这就像某人只想在家学做回锅肉,却不得不学习整个川菜体系一样。

8.2 ActionScript 2.0 脚本基础

8.2.1 ActionScript 2.0 的基本语法

1. 基本知识点

(1) 点语法

在 ActionScript 中,点“.”被用来指明与某个对象或影片剪辑相关的属性和方法。它也用标识指向影片剪辑或变量的目标路径。点语法表达式由对象或影片剪辑名开始,接着是一个点,最后是要指定的属性、方法或变量。

例如,表达式 planeMC._x 是指影片剪辑实例 planeMC 的_X 属性,_X 影片剪辑属性指出编辑区中影片剪辑的 X 轴位置。

又如,v 是在影片剪辑 box 中设置的一个变量,而 box 又是嵌套在影片剪辑 house 中的影片剪辑。表达式 house.box.v＝true 的作用是设置实例 box 的 v 变量的值为 true。

(2) 大括号

ActionScript 语句用大括号“{}”分块,如下面的脚本所示:

```
on(release){
mysound = new Sound();
mysound.attachSound("aa");
mysound.start();
}
```

(3) 分号

ActionScript 语句用分号“;”结束,但如果你省略语句结尾的分号,Flash 仍然可以成功地编译你的脚本,但最好养成用分号结尾的习惯。例如,下面的语句用分号结束:

```
planeMC.stop();
house.box.v = true;
```

同样的语句也可以不写分号:

```
planeMC.stop()
house.box.v = true
```

(4) 圆括号

定义一个函数时,要把参数放在圆括号中:function myFunction (name,age,sex){…},

调用一个函数时,也要把要传递的参数放在圆括号中:myFunction("Angel",10,"female");圆括号可以用来改变 ActionScript 的运算优先级,或使自己编写的 ActionScript 语句更容易阅读。

（5）大小写字母

在 ActionScript 中,只有关键字区分大小写。对于其余的 ActionScript,可以使用大写或小写字母。例如,下面的语句是等价的:

```
cat.hilite = true;    CAT.hilite = true;
```

但是,遵守一致的大小写约定是一个好的习惯。这样,在阅读 ActionScript 代码时更易于区分函数和变量的名字。如果在书写关键字时没有使用正确的大小写,则脚本会出现错误。例如下面的两个语句:

```
setProperty(plane, _xscale, scale);
setproperty(plane, _xscale, scale);
```

前一句是正确的,后一句中 property 中的 P 应是大写而没有大写,所以是错误的。在动作面板中启用彩色语法功能时,用正确的大小写书写的关键字用蓝色区别显示,因而很容易发现关键字的拼写错误。

（6）注释

需要记住一个动作的作用时,可在动作面板中使用注释语句(//)或(/*　*/)给帧或按钮动作添加注释。如果在协作环境中工作或给别人提供范例,添加注释将有助于别人对所编写的脚本的正确理解。在动作面板中选择 comment 动作时,字符"//"被插入到脚本中。如果在创建脚本时加上注释,即使是较复杂的脚本也易于理解,例如:

```
on(release){
mysound = new Sound();          //构造一个声音对象,对象的名称是 mySound
mysound.attachSound("aa");      //将库中链接标识符为 aa 的声音附加到对象 mysound 中
mysound.start();                /*开始播放声音*/
}
```

在脚本窗口中,注释内容用粉红色显示。它们的长度不限,也不影响导出文件的大小。

（7）关键字

ActionScript 保留一些单词,专用于本语言之中。因此,不能用这些保留字作为变量、函数或标签的名字。下面列出了 ActionScript 中所有的关键字:

break continue delete else for function if in new return this typeof var void while with

> 注意:这些关键字都是小写形式,不能写成大写形式。

（8）常量

常量的值是永不改变的。常量用大写字母列于动作工具箱中。例如,常数 BACKSPACE、ENTER、QUOTE、RETURN、SPACE 和 TAB 是 Key 对象的属性,指键盘上的键。要测试用户是否在按【Enter】键,可使用下面的语句:

```
If (keycode( ) == key.ENTER ){
alert = "准备起飞了吗?" ;
planeMC.play();
}
```

2. 编写 ActionScript 脚本

编写 Flash 动作脚本并不需要用户对 ActionScript 有完全的了解,用户的需求才是真正的目标。有了设计创意之后,用户要做的就是为此选择恰当的动作、属性、函数或方法。学习 ActionScript 的最佳方法是创建脚本。用户可以在动作面板的帮助下建立简单脚本。一旦熟悉了在电影中添加诸如 play 和 stop 这样的基础动作之后,用户就可以开始学习更多有关 ActionScript 的知识。要使用 ActionScript 的强大功能,最重要的是了解 ActionScript 语言的工作原理:ActionScript 语言的基础概念、元素以及用来组织信息和创建交互式动画的规则等。

(1)脚本的规划和调试

脚本的规划和调试是为整个动画编写脚本,脚本的数量和变化可能都是巨大的。例如,用户可能需要考虑以下问题:决定使用哪些动作,如何建立更有效的脚本结构,以及在哪些地方放置脚本? 所有这些问题都需要经过仔细规划和测试。特别是当动画变得越来越复杂时,这些问题更加显得突出。

(2)脚本的流程

Flash 将从第一行语句开始执行 ActionScript 语句,一直按秩序执行到最终语句或 ActionScript 指定跳转到的语句。将执行秩序发送到其他地方而不是下一语句的动作,包括 if 语句、do…while 循环和 return 动作。这在下一节将有介绍。

(3)脚本的运行

在编写脚本时,用户可以使用动作面板,将脚本附加给时间轴中的帧,也可以附加给舞台上的按钮或影片剪辑。附加给帧的脚本将在播放头到达该帧时执行,而附加给按钮或影片剪辑的脚本则在某一事件发生时执行。所谓的"事件",可以是电影播放时鼠标移动、某个按钮被按下,也可以是某个影片剪辑被载入等。

8.2.2 程序流程控制

和所有其他编程语言一样,ActionScript 语言也有控制语句,比如循环控制语句 for、条件控制语句 if 等。以下介绍最基本的程序流程控制语句。

1. 顺序执行流程控制

顺序执行是按照程序行的书写顺序逐行向下执行。

```
t = a;
a = b;
b = t;
```

以上语句顺序执行,首先把变量 a 赋值给变量 t,然后把 b 赋值给变量 a,最后把 t 赋值给变量 t。三条语句之前有严格的顺序,必须先执行前面的语句,才能逐条依次执行后面的语句,最终实现交换变量 a 与变量 b 的值。

2. 条件选择流程控制

条件选择语句用来判断所给定的条件是否满足,根据条件的布尔值(true 或者 false)来决定执行其中的某一部分代码。

（1）if 语句

if 语句的格式为：

```
if(条件表达式)
{
要执行的语句
}
```

if 语句执行的时候，首先判断条件表达式是否成立，如果条件表达式为 true，即条件成立，则执行 if 后面{}内的语句；如果条件表达式为 false，即条件不成立，则跳过 if 语句，执行{}后面的其他语句。下面通过一个简单的例子来说明 if 语句的用法。

```
result = 88;
if(a + b == result)
{
gotoAndPlay("right");
}
gotoAndPlay("wrong");
```

在这个例子中，首先设置了变量 result 的值，然后判断输入的 result 是否与表达式 a+b 的值相同。如果相同，则运行 gotoAndPlay（"right"）语句，跳转到预先设置好的帧标签 "right"处播放动画；如果不相同，则直接跳转到 if 后面的语句，运行 gotoAndPlay（"wrong"），到帧标签"wrong"处播放动画。

（2）if…else 语句

if…else 语句的格式为：

```
if(条件表达式)
{
条件成立时执行的语句 A;
} else
{
条件不成立时要执行的语句 B;
}
```

if…else 语句和 if 语句类似，也是首先判断条件表达式是否成立，如果条件表达式为 true，则执行 if 后面{}之内的语句；如果条件表达式为 false，则执行 else 后面{}内的语句。把上面的例子修改一下来说明 if…else 语句的用法。

```
result = 88;
if(a + b == result)
{
  gotoAndPlay("right");
}else
{
  gotoAndPlay("wrong");
}
```

本例和前一个例子粗略一看好像差不多，但是其实在程序流程上有很大差别。在前一个例子中,如果条件成立,则执行 gotoAndPlay("right")语句,执行完 if 语句后,顺序执行 gotoAndPlay("wrong")语句,也就是说,无论条件是否成立,gotoAndPlay("wrong")都一定会执行。而在本例中,条件成立,则执行 gotoAndPlay("right")语句,不执行 gotoAndPlay("wrong")语句;条件不成立,运行 gotoAndPlay("wrong")语句,不执行 gotoAndPlay("right")语句。

（3）if…else if 语句

if…else if 语句的格式为：

```
if(条件表达式)
{
要执行的语句 A;
} else if(条件表达式)
{
要执行的语句 B;
} …
```

如果要判断多个条件,则需要 if…else if 语句,这其实是 if…else 语句的嵌套,可以实现多个条件的判断。比如,考试分数转化为适当的评语,就可以用 if…else if 语句来完成。

```
if(score<60)                        //低于 60 分
{
level = "你的成绩已经亮红灯了,快跟上大部队!";
} else if(score<70)                 //进入此条件,肯定大于或等于 60 分
{
level = "你的分数很危险,要有危机感啊!";     //60～70 分
} else if (score<80)                //进入此条件,肯定大于或等于 70 分
{
level = "再努力一下你会做得更好!";         //70～80 分
} else if (score<90)                //进入此条件,肯定大于或等于 80 分
{
level = "你离优秀只有一步之遥了,加油!";     //80～90 分
} else                              //进入此条件,肯定大于或等于 90 分
{
level = "你真棒,为你点赞!!";            //90 分以上
}
```

（4）switch 语句

switch 语句的格式为：

```
switch(表达式){
case 表达式的值:
要执行的语句 A
break;
case 表达式的值:
要执行的语句 B
Break;
…
default:
要执行的语句 N
}
```

153

154

switch 括号中的表达式可以是一个变量,后面的大括号中可以有多个 case 表达式的值。程序执行时会从第一个 case 开始检查,如果第一个 case 后的值是括号中表达式的值,那么就执行它后面的语句,如果不是括号中表达式的值,那么程序就跳到第二个 case 检查,以此类推,直到找到与括号中表达式的值相等的 case 语句为止,并执行该 case 后面的语句。每一句 case 后面都有一句 break,其作用是跳出 switch 语句,即当找到相符的 case,并执行相应的语句后,程序跳出 switch 语句,不再往下检测。可能会有这样的情况,所有的 case 语句后的值都与表达式的值不相符,那么就应该用 default 语句,这时程序就会执行 default 后的语句。如果确定不会出现这种情况,也可以不要 default 语句,但建议最好还是有 default 语句。

同样,也可以用 switch 语句来完成从考试等级到分数段的转化。

```
switch(score)
{
case    score<60:
trace("你的成绩已经亮红灯了,快跟上大部队!");
break;
case    score<70:
trace("你的分数很危险,要有危机感啊!");
break;
case    score<80:
trace("再努力一下你会做得更好!");
break;
case    score<90:
trace("你离优秀只有一步之遥了,加油!");
break;
case    score<=100:
trace("你真棒,为你点赞!!");
break;
default:
trace("你输入的分数不正确");
}
```

3. 循环结构流程控制

循环结构是通过一定的条件来控制某一程序块的重复执行,当不满足循环条件时就停止执行循环语句。循环结构是所有编程语言最重要的基本语句之一,对于程序的控制有着举足轻重的作用。

(1) for 循环语句

for 语句的格式为:

```
for(初值;循环条件;增值)
{
要执行的循环体;
}
```

for 循环语句包含循环变量初值、循环条件和循环变量增值三个部分,当循环变量初值符合循环条件,就会执行循环体的语句一次,接着再通过循环变量增值的运算,改变循环变量的值;如果循环变量依然满足循环条件,则再次执行循环体的语句,并通过循环变量增值再次改变循环变量的值,直至不满足循环条件为止,此时跳出循环,执行循环语句之后的语句。下面的语句就是通过循环,输出 1 至 9 共 9 个数。

```
for(i = 1;i < 10;i++)              //初值 i = 1; i < 10 的条件下循环; 每次循环后 i 自加 1
{
trace(i);                         //输出 i 的值
}
```

当然,for 循环是可以嵌套的,由此可以构成两重或者多重循环,实现更加复杂的计算,下面的代码是利用双重循环输出九九乘法表。

```
for (i = 1; i < 10; i++)          //外部循环,控制行数,共循环 9 次
{
    mystring = "";                //每次换行后,初始化字符串变量为空
    for (j = 1; j <= i; j++)      //内部循环,控制每行的列数,每行递增一列
    {
        mystring = mystring + i + " * " + j + " = " + i * j + "   ";
                                  //同样被乘数合并成一整行
    }
    trace(mystring);              //每次输出一行乘法表
}
```

(2) while 循环语句

while 语句的格式为:

```
while (循环条件)
{
要执行的循环体;
}
```

很多时候,并不能像 for 循环那样预先确定循环次数,这就要用 while 循环来控制。while 循环属于前测试循环,即首先判断是否满足循环条件,如果满足循环条件,则执行循环体,循环体内必须有改变条件测试值的语句,以便执行一次循环体后,再次判断循环条件,若仍然满足条件,则再次执行循环体……依此类推,直到循环条件不满足时,退出循环去执行后面的语句。由此可见,while 循环有可能一次都不会执行。下面的例子是求 100 以内能被 7 整除的自然数。

```
i = 1;
while (i < 100)                   //设置循环条件,不能确定循环次数
{
    if (i % 7 == 0)               //数 i 对 7 取模为 0,说明该数能被 7 整除
    {
trace(i);;                        //输出能被 7 整除的数
}
    i++;                          //i 自增 1
}
```

(3) do while 循环语句

do while 语句的格式为:

```
do{
```

要执行的循环体;
} while (循环条件)

do while 循环是 while 循环的变体,属于后测试循环,即不管循环条件如何,首先执行一次循环体,然后才判断是否满足循环条件,同样,循环体内必须有改变条件测试值的语句,如果满足循环条件,则再次执行循环体……以此类推,直到循环条件不满足时,退出循环去执行后面的语句。由此可见,do while 循环至少会执行一次循环体。上面的例子也可以改成如下的形式。

```
i = 1;
do {
    if (i % 7 == 0)              //数 i 对 7 取模为 0,说明该数能被 7 整除
    {
trace(i);;                       //输出能被 7 整除的数
}
    i++;                         //i 自增 1
} while (i < 100)                //设置循环条件,不能确定循环次数
```

可以看到,两段程序几乎没有差别,但是在某些情况下,这两种循环结构就可能出现不同的运行结果。

第9章 制作交互动画

9.1 什么是交互动画

交互动画是指在动画作品播放时支持事件响应和交互功能的一种动画,也就是说,动画播放时可以接受某种控制。这种控制可以是动画播放者的某种操作(观看者可以用鼠标或键盘对动画的播放进行控制),也可以是在动画制作时预先准备的操作。这种交互性提供了观看者参与和控制动画播放内容的手段,使观看者由被动接受变为主动选择。

9.2 "动作"面板

要建立基于 ActionScript 2.0 的 Flash 动画,需要在新建文件时就选择相应的文件类型,启动 Flash CS6 后,在欢迎界面处选择新建 ActionScript 2.0 按钮,就可以创建一个 Flash 文件,如图 9-1 所示。

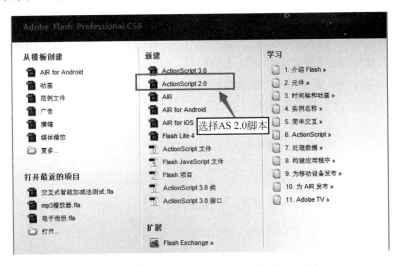

图 9-1 创建基于 ActionScript 2.0 的 Flash 文件

执行菜单【窗口】|【动作】命令,或者直接按【F9】键,则可以调出【动作】面板。【动作】面板是 Flash 编辑动作脚本的主要场所,用户可以拖动该面板到自己习惯操作的位置,也可以再次按【F9】键进行隐藏。

【动作】面板主要分为左右两部分,其中左边又分为上下两个窗口,各部分的主要功能如图 9-2 所示。

158

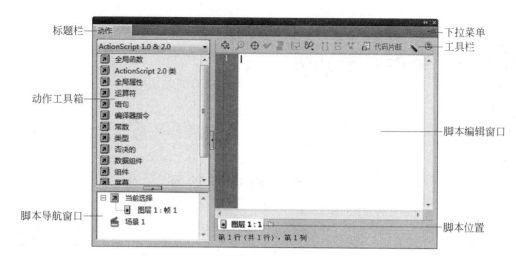

图 9-2 【动作】面板

　　【动作】面板的左上方是工具箱,单击前面的图标展开每一个条目,可以显示出对应条目下的动作脚本语句元素,双击选中的语句即可将其添加到编辑窗口,使用动作工具箱,可以方便添加动作脚本,大大提高脚本的书写速度和正确率。

　　【动作】面板的左下方是"脚本"导航器。里面列出了 FLA 文件中具有关联动作脚本的帧位置和对象;单击脚本导航器中的某一项目,与该项目相关联的脚本则会出现在"脚本编辑"窗口中,并且场景上的播放头也将移到时间轴上的对应位置上。导航器可以在 FLA 文件中快速找到脚本的位置,便于动作脚本的修改。

　　【动作】面板的右侧部分是"脚本编辑"窗口,是添加代码的区域。用户可以直接在"脚本编辑"窗口中编辑动作、输入动作参数或删除动作,也可以双击动作工具箱中的某一项或"脚本编辑"窗口上方的"将新项目添加到脚本中" ,向"脚本编辑"窗口添加动作。

　　在编辑脚本的时候,充分利用"脚本编辑"窗口的上方工具图标的功能可以高效地编辑脚本。每个工具图标的具体作用如图 9-3 所示。

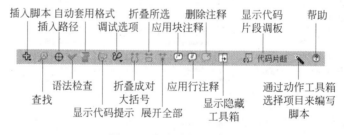

图 9-3 脚本编辑工具栏

9.3 为对象添加动作

　　编程实际上就是向计算机下达指令,让计算机按我们的指令去完成一些任务,这就要求我们用计算机能看得懂的语言,这就是编程语言,ActionScript 则是其中的一种编程语言。既然是语言,就同我们人类的语言一样就有它自己的语法、语句、词汇等,这些东西就是我们要学习的内容。在前一章我们已经学习 ActionScript 2.0 编程基础,知道了一些最基本的语法和语句,在本章我们将结合对象介绍控制动画的一些相关语句。

ActionScript 是针对 Flash Player 的编程语言,它在 Flash 内容和应用程序中实现了交互性、数据管理以及其他许多功能。那么我们将程序写在什么地方呢？ 在 Flash 创作环境中,我们的程序写在【动作】面板中,而【动作】面板又是与舞台上可以添加动作的对象相关联的。在 ActionScript 2.0 中可以添加动作的对象有三种：关键帧、影片剪辑元件、按钮元件。

9.3.1 为帧添加动作

在 Flash 中添加动作脚本可以分为两种方式：一是为"帧"添加动作脚本；二是向"对象"添加动作脚本。"帧"动作脚本,是指在时间轴的"关键帧"上添加动作脚本。"对象"动作脚本,是指在"按钮"元件和"影片剪辑"元件的实例上添加的动作脚本。要特别注意的是,"图形"元件上是不能添加动作脚本的。

这一节,我们将学习在关键帧上添加"stop();"动作,来控制影片的播放。

语法：stop();

功能：停止动画播放。

按常规,动画的播放是随着时间轴上播放头的移动而顺序播放的,当播放到动画的最后一帧后又会从第一帧开始循环播放。但是,在动画播放时,如果遇到停止的指令,就会停止播放。

例如：在一个简单的动画中,如图 9-4 所示,一个小球从舞台的左边移动到舞台的右边,如果不加停止命令,这个动画就会一直重复下去。

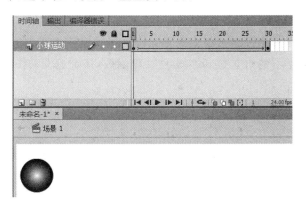

图 9-4　简单的基础动画

现在我们在动画的最后一帧,第 30 帧处准备添加一个停止命令,方法如下：

选中需要添加动作脚本的关键帧,这里选中第 30 帧,按【F9】键,弹出【动作】面板,然后单击动作面板【动作工具箱】中【全局函数】下的【时间轴控制】,在【时间轴控制】中找到"stop"命令后双击即添加到了【脚本编辑】窗口中,如图 9-5 所示。当然也可以直接在【脚本编辑】窗口中输入语句"stop();"。

在帧上添加脚本后,第 30 帧处就会有一个"a"的标志,表示在这一帧上有脚本代码,如图 9-6 所示。

这里我们用添加帧动作实现了让动画按要求停止播放,但是,一旦停止下来就无法再自动重新播放,此时只能通过在按钮或影片剪辑上添加脚本代码"play();",就可以使动画继

图 9-5　在基础动画中添加停止命令

图 9-6　"a"标志

续播放了,这就是动画中简单的交互。

我们将在下一讲中学习在动画播放的过程中,利用按钮来实现人为的对动画进行播放控制,实现简单的交互效果。

9.3.2　为按钮添加动作

通过为按钮添加鼠标事件来控制主场景动画的播放状态和控制影片剪辑的播放状态,实现简单的交互。要学习的语句是 on()事件处理函数,指定触发动作的鼠标事件。

语法格式:

```
on (mouseEvent) {
}
```

"()"小括号中的 mouseEvent 参数是鼠标事件,常用的有以下几种鼠标事件:

Press 当鼠标指针经过按钮时按下鼠标。

release 当鼠标指针经过按钮时按下再释放鼠标按钮。

releaseOutside 当鼠标指针在按钮之内时按下按钮后,将鼠标指针移到按钮之外,此时释放鼠标按钮。

rollOut 鼠标指针滑出按钮区域。

rollOver 鼠标指针滑过按钮。

1. 控制主场景动画的播放状态

例如:在前一个例子中动画停止后可以通过按钮控制动画重播,我们可以进行如下操作:

首先创建一个用于播放的按钮,并置于按钮图层,在舞台中选中按钮,按【F9】键,弹出【动作】面板,然后单击动作面板【动作工具箱】中【全局函数】下的【影片剪辑】,在【影片剪辑控制】中找到"on"命令后双击即将 on 处理函数添加到了【脚本编辑】窗口中,如图 9-7 所示,在弹出的鼠标事件中选择其中的一个,这里我们选择"release"。随后,将光标定位到{}内,在【动作工具箱】中单击【时间轴控制】并找到"play"命令后双击即将命令添加到了{}中了，如图9-8所示。当然也可以直接在【脚本编辑】窗口中输入相应语句。

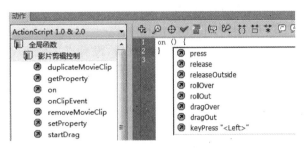

图 9-7　鼠标事件

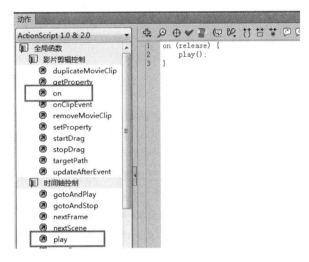

图 9-8　为按钮添加动作

2．控制影片剪辑动画的播放状态

例如：在上一个例子中再新建一个实例名称为 ball_mc 的影片剪辑，影片剪辑的动画也设计为一个小球从左边移动到右边，并在影片剪辑的最后一帧上添加"stop()；"。把做好的影片剪辑放到主场景的新图层中。

测试动画，当主场景动画和影片剪辑动画都停止后，单击按钮，会发现这时只有主场景的动画重复播放动画，而影片剪辑并没有被控制，为什么会出现这种现象呢？

这是因为在影片剪辑中也存在一个属于它自己的动画时间进程（时间轴），如果要通过主场景中的按钮来控制它的进程，就要指明目标路径。

Flash 中目标路径有两种，绝对路径和相对路径，如果用绝对路径来实现，那么按钮中的代码应写成：

```
on (release) {
    play();
    _root.ball_mc.play();
}
```

其中"_root.ball_mc.play()；"是绝对路径，指定了发生 play 动作的绝对地址和对象，这个绝对地址就是当前主场景_root,对象就是影片剪辑"ball_mc","play"开始播放,即让当前主场景"_root"上的实例名为"ball_mc"的影片剪辑对象开始播放。

除了使用绝对路径也可以使用相对路径,按钮的位置处于主场景,而影片剪辑"ball_mc"也在主场景中,所以可以这样写:"ball_mc.play();"。

如果我们要执行动作的对象"ball_mc"影片剪辑,没有直接位于主场景上,而是嵌套在另外一个位于主场景的影片剪辑"box_mc"中,甚至是嵌套在更深的级别中呢,那就得一级级指明路径,程序指令才能正确地执行。

9.3.3　为影片剪辑添加动作

将9.3.2小节中例子的按钮换成一个具有播放功能的影片剪辑,来实现控制主场景时间轴以及影片剪辑自身的播放。在影片剪辑上添加动作的方法与在按钮上添加动作的方法一致。我们先保持代码不变,仍然是:

```
on (release) {
    play();
    _root.ball_mc.play();
}
```

测试后发现,当动画停止后,单击控制播放动画的影片剪辑后,只有实例名为"ball_mc"的影片剪辑对象开始播放,而主场景的小球运动动画并没有重新播放。为什么会出现这样的效果?

先分析第一条语句:"play();",这个语句没有指明路径,当添加在按钮上时,它控制的是包含有按钮对象的当前时间轴,即按钮的父时间轴,在这里也就是主时间轴;但是当动作添加在影片剪辑对象上时,它控制的是影片剪辑对象自身的时间轴,由于控制自身时间轴不需要指明路径,因此也不必在"属性"面板中命名实例名称,所以这句是用来控制具有播放功能的影片剪辑中的动画,既没有控制主场景中的小球运动,也没有控制实例名为"ball_mc"的影片剪辑中小球的动画。

再分析第二条语句:"_root.ball_mc.play();",这个语句使用的是绝对路径,所以直接控制的就是主场景中实例名为"ball_mc"的影片剪辑对象的播放状态。

经过两条语句的分析,明白了为什么会出现上面所说的那种情况,如果要在影片剪辑上添加控制主场景小球动画的播放状态,则需要指明路径,例如:

```
on (release) {
_root.play();
}
```

路径概念非常重要,在编写动作脚本时,如果路径的指向不正确,就实现不了预期的效果。

9.4　基本脚本命令

1. 在当前帧停止播放

```
stop();
```

2. 从当前帧开始播放

```
play();
```

3. 跳到第 10 帧，并且从第 10 帧开始播放

```
gotoAndPlay(10);
```

4. 跳到第 20 帧，并且停止在该帧

```
gotoAndStop(20);
```

5. 跳到下一帧并停止

```
nextFrame();
```

6. 返回到前一帧并停止

```
prevFrame();
```

7. 跳到下一个场景，并且继续播放

```
nextScreen();
play();
```

8. 跳到上一个场景，并且继续播放

```
prevScreen();
paly();
```

9. 跳到指定的某个场景，并且开始播放

```
gotoAndPlay("场景名",1);
```

10. 播放器窗口全屏显示

```
fscommand("fullscreen", true);
```

11. 取消播放器窗口的全屏

```
fscommand("fullscreen", false);
```

12. 播放的画面，随播放器窗口大小的改变而改变

```
fscommand("allowscale", true);
```

13. 播放的画面，不论播放器窗口有多大，都保持原尺寸不变

```
fscommand("allowscale", false);
```

14. 打开一个网页

```
getURL("网址");
```

9.5　章节实训——酷炫的图片浏览器

通过脚本控制，Flash 功能更加强大。本节将教大家如何使用 Flash 制作一个酷炫的图片浏览器。

1. 创建影片文档

新建一个影片文档,舞台尺寸设置为 600 像素×600 像素,帧频设置为 24 帧/秒。

2. 导入背景素材

将当前图层重命名为"背景层",选中第一帧,执行【文件】|【导入】|【导入到舞台】命令,将"lstc.jpg"图片导入到舞台中,并单击 按钮将"背景层"锁定。

3. 创建按钮元件

在这个例子中,我们把需要浏览的 9 幅图片做成 9 个按钮元件,通过鼠标触碰显示大图。首先创建按钮元件。执行【插入】|【新建元件】命令,新建一个名为"pic1_btn"的按钮元件,再执行【文件】|【导入】|【导入到舞台】命令,将"pic1.png"图片导入到舞台中,将图片大小进行适当调整。

按照以上方法,同样地依次创建名为"pic2_btn""pic3_btn""pic4_btn""pic5_btn""pic6_btn""pi7_btn""pic8_btn"和"pic9_btn"的按钮元件。

4. 创建"按钮组"影片剪辑

执行【插入】|【新建元件】命令,新建一个名为"按钮组"的影片剪辑,再将上面创建的 9 个按钮元件从【库】中拖到舞台上并排列成一个自行设计的图形,这里我们将这 9 个按钮排列成一个圆形,如图 9-9 所示。

注意:要把按钮排列成设计的图形时,为了能更好地适应舞台的大小和位置,可以在创建影片剪辑后回到场景 1,再将空的影片剪辑拖到舞台中,这时舞台中会出现一个小圆点,双击小圆点就可以进入到这个影片剪辑里,这时就可以方便地对按钮的位置进行排列了。但是,不要忘了,做完后要把场景 1 中的影片剪辑给删除。

5. 创建"转动影片"影片剪辑

执行【插入】|【新建元件】命令,新建一个名为"转动影片"的影片剪辑,从【库】中将"按钮组"影片剪辑拖到舞台中央,然后在第 160 帧处插入关键帧,在第 1 帧和第 160 帧之间创建传统补间动画,设置旋转为"顺时针"1 圈。

图 9-9 "按钮组"影片剪辑

回到场景 1,新建一个图层,重命名为"转动影片",从【库】中将"转动影片"影片剪辑拖到舞台中央,将其命名为"rotate_mc"并单击 按钮将当前图层锁定。

6. 创建"中间大图"影片剪辑

(1) 在场景 1,新建一个图层,重命名为"中间大图"。执行【插入】|【新建元件】命令,新建一个名为"中间大图"的影片剪辑。重新回到场景 1,从【库】中将"中间大图"影片剪辑拖到舞台中央,命其实例名称为"pic_mc",使用【选择工具】双击舞台中的小圆点进入"中间大图"影片剪辑的编辑后台。

(2) 选中第 1 帧,在【动作】面板中输入"stop();"。选中第 2 帧并插入关键帧,执行【文件】|【导入】|【导入到舞台】命令,将"lstc1.png"~"lstc9.png"图片一次性导入到舞台中,这 9 张图片分别位于第 2~第 10 帧,调整这 9 幅图片的大小和位置。

(3) 选中第 2 帧中的图,右击【转换为元件】,将该图转换为影片剪辑并命名为"pic1_mc",再双击该影片剪辑进入"pic1_mc"的编辑后台,右击舞台中的图,执行【转换为元件…】,将该图转换为图形元件并命名为"pic1"。

（4）选中当前时间轴的第 20 帧，插入关键帧，在第 1 帧和第 20 帧之间创建传统补间动画，将第 1 帧中的图形的 Alpha 设置为 32%，选中第 20 帧，在【动作】面板中输入"stop();"。

（5）回到"中间大图"的后台编辑处，重复（3）、（4）步骤依次对第 3～第 10 帧进行相同的处理。

7. 为按钮添加代码

回到场景 1，单击 按钮将"中间大图"图层锁定，同时再将"转动影片"解锁。双击舞台中的影片剪辑"转动影片"，进入到"转动影片"的编辑后台，再双击这时舞台中的影片剪辑"按钮组"，进入到"按钮组"的编辑后台。在舞台中选中 pic1_btn，在【动作】面板中输入如下代码：

```
on (rollOver) {
    _root.rotate_mc.stop();          //当鼠标指针滑过小图片按钮时"转动影片"停止转动
    _root.pic_mc.gotoAndStop(2);     //同时在舞台中央显示小图片按钮对应的大图片

}
on (rollOut) {
    _root.rotate_mc.play();          //当鼠标指针滑离小图片按钮时"转动影片"继续转动
    _root.pic_mc.gotoAndStop(1);     //同时舞台中央大图片消失
}
```

依次选中 pic2_btn～pic9_btn 并在【动作】面板中输入类似代码。注意：当鼠标指针经过按钮时跳转的帧数应该是对应图片所在的帧数，分别为第 3～10 帧。

8. 测试存盘

按【Ctrl】+【Enter】键测试动画，可以看到 9 幅小图围成圈做顺时针旋转，当鼠标指针经过任意一个小图时，停止做顺时针旋转同时在舞台的中央渐渐浮现出对应的大图，当鼠标指针离开小图时，大图即刻消失同时继续做顺时针旋转。

应用篇

在生活中,照片可以记录精彩的瞬间,我们可以利用 ActionScript 2.0 来制作一个交互式的电子相册,能够实现对照片的翻阅、放大、缩小、旋转,对相框的变换,甚至可以移动照片的位置等。下面我们介绍一下使用 Flash 制作这种交互式的电子相册。

10.1　热　身　知　识

本单元涉及的知识有:对影片剪辑基本属性的使用、实现拖拽影片剪辑的两个函数 startDrag()和 stopDrag()。

1. 影片剪辑基本属性

影片剪辑是交互式动画的重要核心,如何实现对影片剪辑的控制是交互的关键,这就需要了解描述影片剪辑状态的各种属性,下面就 Flash 影片剪辑中常用的基本属性做一简单介绍。

- _x,_y

影片剪辑的坐标值,可以读取,也可以设置。

比如:book._x = 50;book._y = 50;　　　　//设置 book 影片剪辑的坐标位置为(50,50)

比如:book._x = 0; book._y = 200;　　　　//设置 book 初始位置为(0,200)

　　　onEnterFrame = function(){　　　　//实现 book 从舞台左侧向右飞行

　　　　　　book._x + + ;

　　　}

- _xscale,_yscale

影片剪辑的比例值,可以读取,也可以设置。实现影片剪辑的放缩,取值为正整数,100即为保持不变。

比如:book._xscale = 50;book._yscale = 50;//设置 book 影片剪辑大小为原来大小的一半

比如:book._yscale = 200;　　　　　　　//设置 book 影片剪辑纵向扩展为原来的 2 倍

- _rotation

影片剪辑的角度值,可以读取,也可以设置。实现影片剪辑的旋转,单位为角度值,当角度值大于 0 表示顺时针旋转,小于 0 表示逆时针旋转。

比如:book._rotation = 180;　　　　　　//设置 book 影片剪辑的旋转角度为顺时针 180°

比如:book._rotation + = 5;　　　　　　//设置 book 影片剪辑在原有基础上顺时针旋转 5°

- _alpha

影片剪辑的透明度,可以读取,也可以设置。取值范围 0~100,0 表示完全透明,100 表示完全不透明。

比如:book._alpha = 0;　　　　　//设置 book 影片剪辑透明度为 0,是实现影片剪辑隐藏的一种方法

• _visible

影片剪辑的可见性，可以读取，也可以设置。取值为逻辑值，true 或 false。分别用于实现影片剪辑的显示和隐藏。

比如：book._visible = false;   //设置 book 影片剪辑隐藏

• _width 和_height

影片剪辑的宽度和高度，可以读取，不能设置。单位为像素，主要通过读取影片剪辑宽度和高度值决定其他操作。

比如：需要限制影片剪辑的移动范围在舞台以内时，当影片剪辑坐标值加上影片剪辑的高度或宽度会超出舞台大小，就需要停止移动。

• _name

影片剪辑的实例名，可以读取，不可以设置。主要用来对来源于同一个元件的实例进行识别，以确定是否对其进行操作。

比如：某个影片剪辑产生大量副本，而副本和源分别进行不同的操作，就需要通过_name属性进行判断，如果是源，则执行一种操作，否则的话执行另一种操作。在随机复制里会有相应的实例。

• _currentframe

影片剪辑当前播放的帧号，可以读取，不可以设置。主要用来根据播放的进度实现对影片的交互。比如：播放到指定帧时，显示提示信息等。

• _totalframes

影片剪辑的总帧数，可以读取，不可以设置。和_framesloaded 配合可以计算影片剪辑的载入进度。

• _framesloaded

影片剪辑中已经加载的帧数，可以读取，不可以设置。和_totalframes 配合可以计算影片剪辑的载入进度。

比如：_framesloaded/_totalframes 即为影片剪辑的载入进度。

• _xmouse 和_ymouse

鼠标指针相对于影片剪辑坐标原点的坐标位置，是相对坐标，不是绝对坐标，可以读取，不可以设置。适用于影片剪辑的位置不固定，无法用绝对坐标来描述的情况。

比如：在舞台(100,100)位置上有一个影片剪辑 mc，影片剪辑 mc 的坐标原点在左上角，鼠标指针位于(100,100)位置，分别输出_xmouse 和 mc._xmouse，结果为 100 和 0。

2. 实现拖放影片剪辑的两个函数 startDrag()和 stopDrag()

当照片出现的位置与相框不符合时，我们就可以拖动照片调整到合适的位置即可。这个效果我们可以通过 startDrag()和 stopDrag()这两个函数轻松实现。

• startDrag()函数

startDrag()函数可以使影片剪辑实例在影片播放过程中可拖动，但一次只能拖动一个影片剪辑实例。执行 startDrag()操作后，影片剪辑实例将保持可拖动状态，直到用stopDrag()明确停止拖动为止，或直到对其他影片剪辑实例调用了 startDrag()动作为止。

startDrag()函数的使用格式如下：

```
startDrag(target,[lock ,left , top , right, bottom]);
```

也可以写成 target.startDrag([lock,left,top,right,bottom]);

参数说明：

target：要拖动的影片剪辑实例的目标路径。

lock：一个布尔值。指定可拖动影片剪辑实例是锁定到鼠标指针位置中央(true)，还是锁定到用户首次单击该影片剪辑实例的位置上(false)。此参数是可选的,默认值是 false。

left、top、right、bottom：相对于影片剪辑实例的父级坐标的值,这些值指定该影片剪辑实例的约束矩形。这些参数是可选的。

- stopDrag()函数

stopDrag()函数就是用来停止正在拖动的影片剪辑实例。它的使用格式非常简单,是一个无参函数：stopDrag();

比如：若要用户在动画播放时可以随意地拖放某个影片剪辑实例,可将 startDrag()和 stopDrag()动作附加到该影片剪辑实例上。

```
on (press) {
this.startDrag();
}
on (release) {
stopDrag();
}
```

10.2 案 例 实 战

1. 创建影片文档

新建一个影片文档,舞台尺寸设置为 550 像素×400 像素,帧频设置为 24 帧/秒。

2. 创建"照片"影片剪辑

执行【插入】|【新建元件】命令,新建一个名为"照片"的影片剪辑。在该影片剪辑的后台选中第 1 帧,在【动作】面板中输入"stop();"。再执行【文件】|【导入】|【导入到舞台】命令,将"照片 1.jpg"～"照片 10.jpg"图片一次性导入到舞台中,这 10 张图片分别位于"照片"影片剪辑的第 1～第 10 帧,调整这 10 幅图片的位置位于舞台中央。

3. 创建"相框"影片剪辑

执行【插入】|【新建元件】命令,新建一个名为"相框"的影片剪辑。在该影片剪辑的后台选中第 1 帧,在【动作】面板中输入"stop();"。再执行【文件】|【导入】|【导入到舞台】命令,将"相框 1.png"～"相框 10.png"图片一次性导入到舞台中,这 10 张图片分别位于"相框"影片剪辑的第 1～第 10 帧,调整这 10 幅图片的位置位于舞台中央。

4. 创建"控制面板"影片剪辑

执行【插入】|【新建元件】命令,新建一个名为"相框"的影片剪辑。在该影片剪辑的后台的当前图层命名为"面板",选中第 1 帧,使用【矩形工具】绘制一个 550 像素×60 的黑色矩形,并将其置于舞台中央。

在当前界面再新建一个图层命名为"控制按钮",将"上一个.jpg""下一个.jpg""缩小.jpg""放大.jpg""顺时针旋转.jpg""逆时针旋转.jpg""切换相框.jpg"依次导入到第 1 帧中的舞台上并调整位置，如图 10-1 所示。

图 10-1　控制面板

　　将"控制按钮"图层中的每一个图都通过右击执行【转换为元件…】，将图转换为按钮元件，并依次命名为"上一个""下一个""缩小""放大""顺时针旋转""逆时针旋转""切换相框"。

5. 设计主界面

　　返回"场景 1"，将当前图层命名为"照片"，从【库】面板中把影片剪辑"照片"拖到舞台上，并为这个影片剪辑实例命名为"pic_mc"，调整照片到合适的位置。

　　创建一个新图层位于"照片"之上，命名为"相框"，从【库】面板中把影片剪辑"相框"拖到舞台上，并为这个影片剪辑实例命名为"xiangkuang_mc"，调整相框到合适的位置。

　　创建一个新图层位于"相框"之上，命名为"控制面板"，从【库】面板中把影片剪辑"控制面板"拖到舞台上，并将其放置舞台的底部。

6. 编写代码

　　双击影片剪辑"控制面板"进入其后台，为这里的每个按钮添加代码。

　　"上一个"按钮：

```
on (release) {
    _root.pic_mc.prevFrame();              //翻看上一张照片
    _root.pic_mc._rotation = 0;            //以下代码是将照片的属性恢复初始状态
    _root.pic_mc._width = 450;
    _root.pic_mc._height = 300;
    _root.pic_mc._x = 275;
    _root.pic_mc._y = 150;
}
```

　　"下一个"按钮：

```
on (release) {
    _root.pic_mc.nextFrame();              //翻看下一张照片
    _root.pic_mc._rotation = 0;            //以下代码是将照片的属性恢复初始状态
    _root.pic_mc._width = 450;
    _root.pic_mc._height = 300;
    _root.pic_mc._x = 275;
    _root.pic_mc._y = 150;
}
```

　　"缩小"按钮：

```
on (press) {                              //缩小当前照片
    _root.pic_mc._xscale *= 0.9;
    _root.pic_mc._yscale *= 0.9;
}
```

　　"放大"按钮：

```
on (press) {                              //放大当前照片
```

```
    _root.pic_mc._xscale *= 1.1;
    _root.pic_mc._yscale *= 1.1;
}
```

"顺时针旋转"按钮：

```
on (press) {                           //将当前照片顺时针旋转10°
    _root.pic_mc._rotation += 10;
}
```

"逆时针旋转"按钮：

```
on (press) {                           //将当前照片逆时针旋转10°
_root.pic_mc._rotation -= 10;
}
```

"切换相框"按钮：

```
on (release) {                         //在10种相框中进行切换
    if(_root.xiangkuang_mc._currentframe == 10){
                                       //当前相框是第10个相框时就切换到第一个相框
        _root.xiangkuang_mc.gotoAndStop(1);
    }else{
    _root.xiangkuang_mc.nextFrame();   //切换到下一个相框
    }
}
```

返回"场景1"，选中影片剪辑实例"pic_mc"，在【动作】面板中输入如下代码：

```
on (press) {                           //根据相框的样式拖动照片到合适的位置
    this.startDrag();
}
on (release) {                         //停止拖动
    stopDrag();
}
```

按【Ctrl】+【Enter】快捷键测试后效果如图10-2所示。

图10-2 电子相册效果图

在 Flash 作品中常见的倾盆大雨、雪花飘飘、繁星点点等动画特效都可以通过 Flash 中的函数 duplicateMovieClip() 来实现。本单元我们将利用 Flash ActionScript 2.0 来实现在夜空中繁星闪烁的动画效果。

11.1　热　身　知　识

本单元所涉及的函数有 duplicateMovieClip()、eval() 和 random()。

1. 函数的功能

- duplicateMovieClip() 函数是复制创建的影片剪辑的实例。
- eval() 函数用于将括号内的字符串视为动态变量或动态实例名称。
- random() 函数可以生成随机整数。

2. 函数的格式

- duplicateMovieClip(目标、新实例名称、深度);

目标：要复制的影片剪辑的目标路径。

新实例名称：所复制的影片剪辑的唯一标识符。

深度：所复制的影片剪辑的唯一深度级别。深度级别是所复制的影片剪辑的堆叠顺序。这种堆叠顺序很像时间轴中图层的堆叠顺序；较低深度级别的影片剪辑隐藏在较高堆叠顺序的剪辑之下。必须为每个复制的影片剪辑分配一个唯一的深度级别，以防止它替换已占用深度上的影片剪辑。

3. 函数的使用方法

通常的做法是先创建一个影片剪辑元件，放到舞台上，使影片剪辑不可见，然后编写代码，通过一个无限的循环不停地复制影片剪辑元件，并设置复制出来的影片剪辑元件的各种属性。一般是：x、y 坐标，透明度，大小，旋转，颜色等属性。通过一个变量，初始值设为 1，每循环一次，即每复制一个元件，变量值增加 1，当数字达到需要复制的数量时将变量重新设为 1。这样就利用当深度相同时新复制的元件会覆盖原来元件的原理，使元件不断更新，同时也使舞台上的元件始终只有一个固定的数量。

- eval(字符串);

可以直接使用 eval(字符串) 作为动态变量或实例名称，例如：

```
eval(字符串)＝2;                    //将 2 赋值给 eval(字符串)产生的动态变量
```

```
eval(字符串)._Alpha = 30;          //将 eval(字符串)产生的实例的 Alpha 属性设置为 30
```

也可以将 eval(字符串)先赋值给一个指定的变量名或实例名称,例如:

```
n = eval(字符串);  n = 2;          //将 2 赋值给 eval(字符串)产生的动态变量 n
ball_mc = eval(字符串);  ball_mc._Alpha = 30;
                                  //将 eval(字符串)产生的实例 ball_mc 的 Alpha 属性设置为 30
```

- random(n);

生成随机整数的范围是:0～n－1。

random 函数在 flash 里是非常有用的,可以生成基本的随机数,创建随机的移动,以及随机的颜色和其他更多的作用。例如:

```
x = random(501);                  //x 将获得 0 到 500 以内的随机整数。
```

11.2 案 例 实 战

1. 创建影片文档

新建一个影片文档,舞台尺寸设置为 665 像素×441 像素,舞台背景设置为黑色,帧频设置为 24 帧/秒。

2. 导入背景素材

将当前图层重命名为"背景层",选中第一帧,执行【文件】|【导入】|【导入到舞台】命令,将"夜空.jpg"图片导入到舞台中,并单击 🔒 按钮将"背景层"锁定。

3. 创建"闪烁的星星"影片剪辑

绘制星星时,尽量绘制小一点。动画设计可以通过改变 Alpha 和星星的大小来实现星星的忽隐忽现的效果,还可以加上一定角度地旋转。

4. 编写代码

回到"场景 1",新建一个图层并命名为"星星",从【库】面板中把影片剪辑"闪烁的星星"拖到舞台上,并为这个影片剪辑实例命名为"star_mc"。

在主场景中的第 9 帧和第 10 帧分别插入关健帧。

在第 1 帧输入代码:

```
i = 1;                            //这就是上面说的,初始值为 1 的变量
star_mc._visible = 0;             //让影片剪辑实例不可见
```

在第 9 帧输入代码:

```
duplicateMovieClip("star_mc","star_mc" + i,i);
                //复制影片剪辑实例,新复制的影片剪辑实例名为:"star_mc" + "i",深度为 i
newstar_mc = eval("star_mc" + i);//用 newstar_mc 来代表新复制出来的影片剪辑实例名称
//下面就是设置新复制出来影片剪辑实例的各种属性,这里使用 random 函数对新实例随机产生横纵
坐标
newstar_mc._x = random(666);
newstar_mc._y = random(300);
i++;
 if(i > 300){
```

```
i = 1; }                          //当复制的数量达到需要的数量时,将变量值设为1
```

第 10 帧输入代码：

```
gotoAndPlay(2);                   //这样就形成了一个无限循环
```

根据上面的介绍,大家充分发挥想象,以你的聪明才智,一定能制作出非常酷炫的特效的。

第12章　可操控式放大镜

使用 ActionScript 2.0 脚本语言可以建立交互式的遮罩效果,如下程序用户可以通过拖动放大镜来看物体,还可以利用键盘上的快捷方式调整放大镜的大小。

12.1　热 身 知 识

本单元应掌握的知识要点:onClipEvent()的应用。

onClipEvent()是一个事件处理函数,也是在 Flash 动作脚本中使用频率非常高的一个语句,其功能是为触发特定影片剪辑实例所定义的动作。这个事件处理函数只能添加在影片剪辑实例上,不同于 on()事件处理函数可以分别添加在影片剪辑和按钮上。

语法格式是:

```
onClipEvent(movieEvent){
    要执行的语句;
}
```

小括号中的参数 movieEvent 是一个称作事件的触发器。当事件发生时,执行后面大括号中的语句。

onClipEvent()有两个最常用的事件:

• load 事件

动画开始时,当影片剪辑实例出现在时间轴中,即执行大括号中的语句块,语句块只执行一次。

• enterFrame()事件

是以与影片剪辑帧频相同的速率不断重复触发的动作直至动画结束。

例如:

```
onClipEvent (load) {            //当前影片剪辑一旦出现在时间轴上,即激发以下动作(一次)
  this._xscale += 10;           //当前影片剪辑放大10%(一次)
  this._yscale += 10;
}
  onClipEvent (enterFrame) {    //只要当前影片剪辑存在于时间轴上,
                                //就不断重复执行以下动作
  this._xscale += 10;           //当前影片剪辑不断地放大10%
  this._yscale += 10;
  }
```

12.2　案　例　实　战

（1）打开第5章中的"放大镜.fla"文件,在这个例子基础上制作一个交互式的放大镜。

（2）分别右击"放大镜"和"遮罩圆"图层中的第1帧,在弹出的快捷菜单中执行"删除补间"。

（3）删除每个图层中的第2帧至最后一个关键帧,只留下第1帧中的关键帧。

（4）将"放大镜"转换为影片剪辑并将其实例名称命名为"fdj_mc";将"圆"转换为影片剪辑并将其实例名称命名为"yuan_mc"。

（5）单击"放大镜"影片剪辑实例fdj_mc,在【动作】面板中输入如下代码:

```
on (press) {                                //在放大镜上按下鼠标不放可以拖动
    this.startDrag();
}
on (release) {                              //在放大镜上释放鼠标可以停止拖动
    stopDrag();
}
on (keyPress " + ") {                       //按下键盘上的" + "可将放大镜调大
    this._xscale += 10;
    this._yscale += 10;
    _root.yuan_mc._xscale += 10;
    _root.yuan_mc._yscale += 10;
}
on (keyPress " - ") {                       //按下键盘上的" - "可将放大镜调小
    this._xscale -= 10;
    this._yscale -= 10;
    _root.yuan_mc._xscale -= 10;
    _root.yuan_mc._yscale -= 10;
}
```

（6）单击"圆"影片剪辑实例yuan_mc,在【动作】面板中输入如下代码:

```
onClipEvent (enterFrame) {
 //不间断地获得放大镜当前的位置坐标并使遮罩圆与放大镜同步
    this._x = _root.fdj_mc._x;
    this._y = _root.fdj_mc._y;
}
```

保存测试后会发现你可以通过拖动放大镜来看福娃,还可以通过键盘上的"＋"和"－"键来调节放大镜的大小,使动画更具有交互灵活性,最终的效果如图12-1所示。

图12-1　可操控式放大镜运行效果图

第13章 MP3播放器

Flash 交互作品对于声音的控制是比较灵活和常用的,除了在第 7 章中介绍的一些音频处理的基础知识外,如果想做出更复杂的效果,或者对声音进行更复杂的控制,那么学习 Flash 的 ActionScript 2.0 脚本语言中的声音控制函数也是比较重要的。

本单元将通过制作 MP3 播放器来学习在 Flash 中对声音控制。我们将详细讲述如何从库里加载一个 MP3 音乐文件到舞台上并实现对音乐的播放、暂停、切换到上一首或下一首音乐、对音乐的快进或快退、对音量的调节以及通过进度条对音乐进度的显示,甚至还可以通过单击进度条来改变音乐的播放进度等功能。

13.1 热身知识

在本章的案例实战中我们用到最多的就是 Sound()类的各种语句,Sound()类可以在影片中添加声音,并能够控制这些声音,还可以提取到播放声音时的一些参数。

1. 构造声音对象

用法:new Sound([target])。

参数:target 是 Sound 对象操作的影片剪辑实例。此参数是可选的。

说明:构造函数;为指定的影片剪辑创建新的 Sound 对象。如果没有指定目标实例,则 Sound 对象控制影片中的所有声音。

实例:(1)mysound= new Sound();(2)myMovieSound = new Sound(mymovie);

2. 从库中添加声音

用法:mysound. attachSound("idName")。

参数:idName 是库中导出声音的标识符。该标识符位于【链接属性】对话框。

注解:将库中链接标识符为 idName 的声音,附加到对象 mysound 中。

打开【链接属性】对话框方法:指向【库】中的声音元件→右键→选"属性"→【ActionScript】→在复选框"为 ActionScript 导出"中打勾→输入标识符→【确定】。

3. 从外部添加声音

用法:mysound. loadSound("url", isStreaming)。

参数:url MP3 声音文件的网址。

isStreaming 一个布尔值,指示声音是声音流(true)还是事件声音(false)

注解:网址为 url 的 mp3 以声音流或事件声音方式下载附加到对象 mysound 中。

事件声音在完全加载后才能播放。

声音流在下载的同时播放。当接收的数据足以启动解压缩程序时,播放开始。

实例:mysound. loadSound("http://www. gz－travel. net/music/mp3/爱心(日语

版). mp3",true);

4. 播放声音

用法：mysound. start([secondOffset，loop])。

参数：secondOffset 一个可选参数，用于从某个特定点开始播放声音。例如，如果您有一个 30 秒的声音，而您希望该声音从中间开始播放，可将 secondOffset 参数指定为 15。

loop 一个可选参数，用于指定声音连续播放的次数。

注解：如果未指定参数，则从开头开始播放最近附加的声音；或者从参数 secondOffset 指定的声音点处开始播放。

实例：(1)mysound. start()；(2)mysound. start(15)；

5. 停止声音播放

用法：mysound. stop(["idName"])。

参数：idName 一个可选参数，用于指定要停止播放的某个特定声音。idName 参数必须置于引号(" ")之中。

注解：如果未指定参数，则停止当前播放的所有声音，否则只停止在 idName 参数中指定的声音。

实例：(1)mysound. stop()；(2)mysound. stop("mp3－02")；

6. 声音音量控制

用法：mysound. setVolume(volume)。

参数：volume 一个从 0～100 之间的数字，表示声音级别。100 为最大音量，而 0 为没有音量。默认设置为 100。而 mysound. getVolume()则是返回上一个 setVolume()调用的值。

实例：mysound. setVolume(50)；   //音量设置为 50%。

7. 声音的左右声道控制

用法：mysound. setPan(pan)。

参数：pan 一个整数，指定声音的左右均衡。有效值的范围为－100～100，其中－100表示仅使用左声道，100 表示仅使用右声道，而 0 表示在两个声道间平均地均衡声音。

注解：确定声音在左右声道(扬声器)中是如何播放的。对于单声道声音，pan 确定声音通过哪个扬声器(左或右)进行播放。

实例：mysound. setPan(－100)；   //关闭右声道中的声音。

8. 读取声音的长度

用法：mysound. duration。

注解：属性(只读)；声音的持续时间，也就是声音的总长度，以毫秒为单位。

实例：ms＝mysound. duration/1000；   //ms 的值是声音长度为 xx 秒。

9. 读取已播放声音的长度

用法：mysound. position。

注解：属性(只读)；声音已播放的毫秒数。如果声音是循环的，则在每次循环开始时，位置将被重置为 0。

实例：bfms＝mysound. position/1000；   //bfms 的值是声音已播放的长度为 xx 秒。

13.2 案例实战

1. 创建影片文档

新建一个影片文档,舞台尺寸设置为 400 像素×400 像素,舞台背景颜色为黑色,帧频设置为 24 帧/秒。

2. 界面设计

本单元 MP3 播放器的参考界面如图 13-1 所示,下面我们简单地介绍一下。

• 创建图层

在场景中创建 5 个图层,从下到上依次命名为"控制面板""进度条""歌名""唱片封面"和"as"并锁定所有图层,如图 13-2 所示。

图 13-1 MP3 播放器

图 13-2 时间轴图层

• 设计音乐控制按钮

将"控制面板"图层解锁,在这个图层中可以根据自己的喜好设计 6 个音乐控制按钮,按钮元件名分别命名为"播放""暂停""上一首""下一首""快进"和"快退",并为"播放"和"暂停"按钮命名实例名称为"play_btn"和"pause_btn",音乐控制按钮如图 13-3 所示。

• 设计音量滚动条

"音量滚动条"用来调节音乐播放时的声音大小。新建一个名为"音量滚动条"影片剪辑。创建两个图层,从下到上分别命名为"控制面板"和"滑块",先将"滑块"图层锁定。在舞台中用【矩形工具】画一个宽 100px、高 17px 的灰色矩形,启用【变形工具】的【扭曲】将矩形的右侧进行变形。选中变形后的四边形,打开【对齐】面板,设置"相对于舞台"左对齐、顶对齐。

锁定"控制面板"图层,打开"滑块"图层。新建一个名为"滑块"的影片剪辑,在当前舞台用【矩形工具】画一个大小适当的红色矩形,选中这个红色矩形,打开【对齐】面板,设置"相对于舞台"左对齐、顶对齐。回到"音量滚动条"影片剪辑的后台,将刚刚做好的"滑块"影片剪辑拖到舞台中,打开【对齐】面板,设置"相对于舞台"左对齐、顶对齐,并为其实例名称命名为"h_mc"。这样音量滚动条就设计好了(其中所有设置对齐方式这一步很关键),其效果如图 13-4 所示。

图 13-3　音乐控制按钮　　　　　　　　　　图 13-4　音量滚动条

返回"场景1",将"音量滚动条"影片剪辑拖放到合适位置,调节适当大小并将其实例名称命名为"sound_mc"。

- 设计喇叭按钮

"喇叭按钮"是用来关闭和开启声音的。新建一个名为"音量滚动条"的影片剪辑,在当前舞台,依次导入"音量1.gif""音量2.gif""音量3.gif"并适当延长关键帧的长度。

返回"场景1",将"喇叭"影片剪辑拖放到合适位置,并将其实例名称命名为"laba_mc"。

- 设计音乐进度条

"音乐进度条"是用来显示音乐播放的进度,还可以通过单击进度条来控制音乐的播放位置。锁定"控制面板"图层,将"进度条"面板解锁。

新建一个名为"进度条"的影片剪辑,在当前舞台用【矩形工具】画一个宽为382px、高为4px的白色矩形,选中这个白色矩形,打开【对齐】面板,设置"相对于舞台"左对齐、顶对齐。

新建一个名为"进度显示"的影片剪辑,在这个影片剪辑中要做一个矩形条从左边延伸到右边的一个补间形状动画。起始关键帧的灰色矩形宽度为2px,高为4px,选中这个灰色矩形,打开【对齐】面板,设置"相对于舞台"左对齐、顶对齐,将其中心点置于最左端。在【时间轴】的260帧插入一个关键帧,将这个灰色矩形拖至宽为382px,高不变(拖动时保证中心点位于最左端),最后在第1帧和第260帧之间创建补间形状动画,并选中第1帧,添加"stop();"代码。

新建一个名为"音乐进度条"的影片剪辑,创建两个图层,从下到上分别命名为"进度条"和"进度显示",先将"进度显示"图层锁定。选中"进度条"图层第1帧,将上面创建的"进度条"影片剪辑从【库】中拖到舞台上,打开【对齐】面板,设置"相对于舞台"左对齐、顶对齐。锁定"进度条"图层,打开"进度显示"图层,选中"进度显示"图层第1帧,将上面创建的"进度显示"影片剪辑从【库】中拖到舞台上,打开【对齐】面板,设置"相对于舞台"左对齐、顶对齐,并将其实例名称命名为"jdxs_mc"。

返回场景1,将"音乐进度条"影片剪辑拖放到合适位置。

- 设计歌名

"歌名"是用来显示当前音乐的歌名,设计者可以自行设计动画效果。

- 设计唱片封面

"唱片封面"是用来根据当前的音乐设计的一个唱片动画,这个设计者也可以按照自己的风格进行设计。

在本章中,我们只载入了两首MP3音乐作为案例,所以在"唱片封面"和"歌名"图层中有两个关键帧,在不同的关键帧上设计不同音乐的动画内容。而在"进度条"和"控制面板"两个图层上将关键帧延长至第2帧。

3. 编写代码

返回"场景1",执行【文件】|【导入】|【导入到库…】把"一路上有你.mp3"和"去大理.mp3"导入到【库】,在【库】里分别右击这两个文件图标,在右击菜单中执行"属性"命令,在随后打

开的【声音属性】面板中的【ActionScript】选项卡中进行如图 13-5 所示的设置。在"标识符"中要为不同音乐命不同的名字，这里把"一路上有你.mp3"的标识符命名为"aa"，把"去大理.mp3"的标识符命名为"bb"。

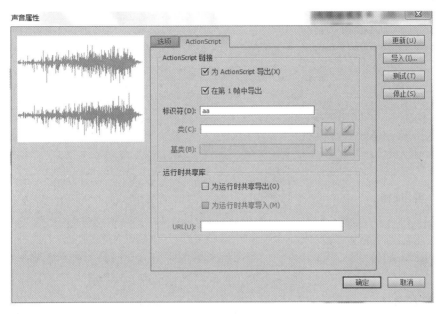

图 13-5　为音乐设置声音属性

选中"as"图层的第 1 帧，在【动作】面板中输入如下代码：

```
fscommand("fullscreen","true");   //播放时全屏显示画面
stop();
s = 0;                            //初始化音乐的播放位置在第 0 秒
v = 0;                            //音量滑块的初始_x 位置为 0
mysound = new Sound();           //构造一个声音对象，对象的名称是 mySound
mysound.attachSound("aa");        //将库中链接标识符为 aa 的声音附加到对象 mysound 中
mysound.start();                  //开始播放声音
```

选中"as"图层的第 2 帧，在【动作】面板中输入如下代码：

```
s = 0;
mysound.attachSound("bb");        //将库中链接标识符为 aa 的声音附加到对象 mysound 中
mysound.start();
```

"播放"按钮：

```
on (release) {
    mysound.start(s/1000);        //从记录的播放位置开始播放音乐
    sound_mc.h_mc._x = v;         //音量恢复到暂停前的音量
    pause_btn.enabled = true;
    play_btn.enabled = false;
}
```

"暂停"按钮：

```
on (release) {
    s = mysound.position;       //记录下暂停时播放的位置
    mysound.stop();
    v = sound_mc.h_mc._x;       //获取音乐暂停前音量滑块的_x的值
    sound_mc.h_mc._x = 100;     //暂停时将音量滑块的_x的值置为100
    pause_btn.enabled = false;
    play_btn.enabled = true;
}
```

"上一首"按钮：

```
on (release) {
    mysound.stop();
    prevFrame();
}
```

"下一首"按钮：

```
on (release) {
    mysound.stop();
    nextFrame();
}
```

"快进"按钮：

```
on (release) {
    s = mysound.position;
    mysound.stop();
    mysound.start(s/1000 + 5);
}
```

"快退"按钮：

```
on (release) {
    s = mysound.position;
    mysound.stop();
    mysound.start(s/1000 - 5);
}
```

选中场景 1 下的影片剪辑"音乐进度条"下的影片剪辑"进度条"实例：

```
on (press) {                    //鼠标在"进度条"上的任意一个位置单击时都会引起音乐播放位置
    _root.mysound.stop();
    _root.mysound.start(this._xmouse / 380 * _root.mysound.duration / 1000);
}
```

选中场景 1 下的影片剪辑"音乐进度条"下的影片剪辑"进度显示"实例 jdxs_mc：

```
onClipEvent (enterFrame) {
//"进度显示"的动画随着音乐的播放位置而随时发生变化
    this.gotoAndStop(Math.round(_root.mysound.position / _root.mysound.duration * this._totalframes));
}
```

选中场景 1 下的影片剪辑"音量滚动条"实例 sound_mc 下的影片剪辑"滑块"实例 h_mc：

```
onClipEvent (enterFrame) {
//随时监测滑块的位置,位置变了,音量也就跟着改变
    _root.mysound.setVolume(100 - this._x);        //h_mc 的_x 的值范围是 0～100
    if (_root.mysound.getVolume() == 0){
//当拖动滑块使声音为静音时,喇叭即变为静音画面
        _root.laba_mc.gotoAndStop(1);
    }else{
//如果不是静音模式,喇叭就会播放它的动画效果
        _root.laba_mc.play();
    }
}


on (press) {
    this.startDrag(false,0,0,100,0);               //在滑块上按下鼠标时可以拖动滑块
}


on (release) {
    this.stopDrag();                               //在滑块上释放鼠标时停止拖动滑块
}


on (releaseOutside) {                              //拖离滑块释放鼠标时也会停止拖动滑块
    this.stopDrag();

}
```

选中场景 1 下的影片剪辑"喇叭"实例 laba_mc：

```
on (release) {
    if(_root.mysound.getVolume() == 0){
//按下喇叭之前如果是静音的,那么现在就启动声音
        _root.mysound.setVolume(50);
        _root.sound_mc.h_mc._x = 50;
    }else{
//否则,如果按下喇叭之前如果是有声音的,那么现在就静音
        _root.mysound.setVolume(0);
        _root.sound_mc.h_mc._x = 100;
    }
}
```

4. 保存与测试

保存后,按【Ctrl】+【Enter】组合键测试。

第14章 交互式智能加减法测试

利用 Flash 的动画和编程技术可以制作交互式智能加减法测试,以其美观的界面、智能和交互应用方式帮助学生对其所学的知识做到举一反三,以提高他们的学习兴趣。

制作构思是让计算机随机生成 100 以内的加或减的算式,用户输入答案,单击"交卷"按钮,可以给出正确与否的判断,并出现不同的画面而且给出相应的评语。当用户单击"抽题"按钮,计算机会再次随机生成一组算式让用户进行练习,以此反复练习以提高孩子们的口算能力。

14.1 热 身 知 识

在本章的案例实战中我们将学习如何在 Flash 中使用变量值来表示实例名称的方法。使用 Flash ActionScript 2.0 脚本时,如果需要在脚本内用到某个影片剪辑、按钮、输入文本框、动态文本框时,就要给这个实例起一个名字,然后在脚本中直接用这个实例名称来访问这个对象。通常状况下,这个名字是一段确定的字符串。但是有些状况下,我们用这个名字的时候,不能确定它到底是什么,因为它需要根据某些变量的不同来确定是哪一个实例。

例如,我们舞台上有 5 个按钮,分别将它命名为"btn1""btn2""btn3""btn4"和"btn5"。然后,在舞台上有一个变量 i,我们需要在变量 i 等于 1 的时候调用"btn1",变量 i 等于 2 的时候调用"btn2"……以此类推。这个时候,我们在脚本中调用这些按钮的时候就要根据变量 i 的不同来做不同的调用,也就是简单地说,按钮名字中要含有一个(有些时候是多个)变量。

遇到这种情况时,我们必须把这个按钮实例的上一级路径写下来,然后在后面跟随一对方括号"[ ]",然后在这对方括号中用标准的字符串表示方法写出实例的名字即可,遇到变量,可以用"+"符号作为连接。

上面的例子中,普通表示按钮实例名的方法是这样:

```
_root.btn1
```

如果带有变量,那么就要这样表示:

```
_root["btn" + i]
```

这里要注意,如果这些按钮的位置是在舞台的一个实例名称为"movie"的影片剪辑里,那么这时普通表示按钮实例名的方法是这样:

```
_root.movie.btn1
```

如果带有变量,那么就要这样表示:

_root.movie["btn" + i]

在本章中,我们设计的一套题里有 5 道小题,这就意味着每套题都有两个用来存放随机产生操作数的动态文本框 a 和 b,一个用来存放随机产生加或减的运算符的动态文本框 op,还有一个需要用户填写答案的输入文本框 c。所以我们就需要"a1"~"a5","b1"~"b5","op1"~"op5","c1"~"c5"。如果我们使用普通的方法来表示这些文本框,那么代码的编写量将是成倍地增长,但是如果我们使用带变量的表示方法来表示这些文本框(文本框都放置在舞台上),比如:_root["a"+i]、_root["b"+i]、_root["op"+i]、_root["c"+i],再配合循环语句,代码的编写就非常简单了。

14.2 案 例 实 战

1. 创建影片文档

新建一个影片文档,舞台尺寸设置为 800 像素×600 像素,舞台背景颜色为墨绿色,帧频设置为 24 帧/秒。

2. 界面设计

本单元"交互式智能加减法测试"的参考界面如图 14-1 所示,下面我们简单地介绍一下。

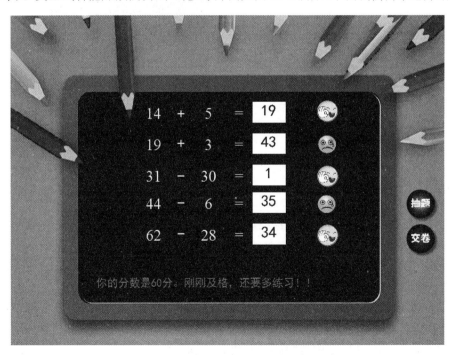

图 14-1 智能交互式的加减法测试

- 创建图层

在场景中创建 5 个图层,从下到上依次命名为"背景""文本框""按钮""判断"和"as"并锁定所有图层,如图 14-2 所示。

- 设计背景图层

解锁"背景"图层,将"黑板.jpg"文件导入到舞台中央并锁定该层。

- 设计文本框

解锁"文本框"图层。在该实例中需要"3组动态文本框"分别用来存放两个随机产生的操作数和随机产生的加减运算符,"1组静态文本框"用来显示"＝"符号,"1组输入文本框"用来让用户输入答案。该实例中一套题有5道计算题,所以每组文本框都有5个。最后还要一个动态文本框用来动态显示测试的分数及评语。

如图14-3所示,第1列:用【文本工具】在舞台中创建5个动态文本框,并分别为它们的变量名命名为"a1"～"a5",这一列动态文本框是用来随机产生第一组操作数的。第2列:再创建5个动态文本框,并分别为它们的变量名命名为"op1"～"op5",这一列动态文本框是用来随机产生加减运算符的。第3列:再创建5个动态文本框,并分别为它们的变量名命名为"b1"～"b5",这一列动态文本框是用来随机产生第二组操作数的。第4列:创建5个静态文本框,并且都显示"＝"符号;第5列:创建5个输入文本框,将"在文本周围显示边框"按钮 按下,并分别为它们的变量名命名为"c1"～"c5",这一列动态文本框是用户输入答案的。最后,在屏幕的下方创建一个动态文本框,并为它的实例名称命名为"result_txt"。

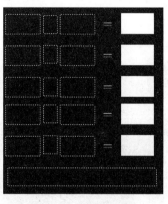

图 14-2　时间轴图层　　　　　图 14-3　创建文本框

- 设计按钮

解锁"按钮"图层,自行设计两个漂亮的按钮,其中一个按钮是用来抽题的,另一个是用来提交答案的,如图14-1所示。

- 设计判断标记

创建一个名为"判断"的影片剪辑,在这个影片剪辑中有3个关键帧,第1个是空白关键帧并在这帧上添加代码"stop();",第2个关键帧中舞台上有一个答题正确的标识图,第3个关键帧中舞台上有一个答题错误的标识图。

解锁"判断"图层,从【库】中将"判断"影片剪辑拖到舞台中,创建5个"判断"影片剪辑实例并为其实例命名为"pd1_mc"～"pd5_mc",放到适当的位置用来表示5道题的正确与错误。

3. 编写代码

"场景1"中第1帧:

```
for (i = 1; i <= 5; i++) {                    //动画播放时就随机抽取第一套题
```

```
        _root["a" + i] = random(101);                    //随机产生第一个操作数
        op = random(2);                                   //随机产生 0 或 1
        if (op == 0) {
            _root["op" + i] = " + ";                      //当 op 为 0 时运算为加法
        } else {
            _root["op" + i] = " - ";                      //当 op 为 1 时运算为减法
        }
        if (op == 1) {
            _root["b" + i] = random(_root["a" + i] + 1);
                        //当为减法运算时,第二个操作数要小于第一个操作数
        } else {
            _root["b" + i] = random(101);
        }
    }
```

"抽题"按钮：

```
on (release) {
    for (i = 1; i <= 5; i++) {
        _root["a" + i] = random(101);                    //随机产生第一个操作数
        op = random(2);                                   //随机产生 0 或 1
        if (op == 0) {
            _root["op" + i] = " + ";                      //当 op 为 0 时运算为加法
        } else {
            _root["op" + i] = " - ";                      //当 op 为 1 时运算为减法
        }
        if (op == 1) {
            _root["b" + i] = random(_root["a" + i] + 1);
                        //当为减法运算时,第二个操作数要小于第一个操作数
        } else {
            _root["b" + i] = random(101);
        }
        _root["pd" + i + "_mc"].gotoAndStop(1);
                        //抽题时将判断标志跳转到第一帧显示为空白
        _root["c" + i] = "";                              //抽题时将输入结果的文本框清空
    }
    result_txt.text = "";                                 //抽题时将评语清空
}
```

"交卷"按钮：

```
on (release) {
    score = 0;                                            //记录正确题的个数
    for (i = 1; i <= 5; i++) {
        if (_root["op" + i] == " + ") {                   //加法运算
            if (_root["c" + i] == _root["a" + i] + _root["b" + i]) {
                _root["pd" + i + "_mc"].gotoAndStop(2);   //正确显示成功标志
                score = score + 1;                        //正确题个数累加 1
            } else {
                _root["pd" + i + "_mc"].gotoAndStop(3);   //错误显示失败标志
            }
        } else {                                          //减法运算
```

```
            if (_root["c" + i] == _root["a" + i] - _root["b" + i]) {
                _root["pd" + i + "_mc"].gotoAndStop(2);
                score = score + 1;
            } else {
                _root["pd" + i + "_mc"].gotoAndStop(3);
            }
        }
    }
    if(score == 0){                                    //根据正确题数来统计分数并给出评语
     result_txt.text = "你的分数是" + score * 20 + "分.你需要从头再学!!";
    }
    else if (score == 1) {
     result_txt.text = "你的分数是" + score * 20 + "分.不要气馁,加油!!";
    }
    else if (score == 2) {
    result_txt.text = "你的分数是" + score * 20 + "分.再努力一下,你就会达到及格线!!";
    }
    else if (score == 3) {
     result_txt.text = "你的分数是" + score * 20 + "分.刚刚及格,还要多练习!!";
    }
    else if (score == 4) {
     result_txt.text = "你的分数是" + score * 20 + "分.不要骄傲,你还会做得更好!!";
    }
    else {
     result_txt.text = "你的分数是" + score * 20 + "分.恭喜你,全部正确,你太棒了!!";
    }
    score = 0;
}
```

4. 保存与测试

保存后,按【Ctrl】+【Enter】组合键测试。

第15章 点蜡烛

►►►

利用 Flash 的动画和编程技术可以制作一些互动的动画和游戏,在本章的案例实战中,我们要做一个点燃蜡烛的动画。动画效果是:画面上有一根未点燃的蜡烛,当用户用鼠标接触烛芯时,蜡烛就点燃了。

15.1 热 身 知 识

在本章的案例实战中我们将用到碰撞检测函数:hitTest( )函数。hitTest( )函数在 Flash 游戏的运用中是必须的,比如在做点蜡烛、点鞭炮、射击、拼图、走迷宫等动画时,在 Flash 网站中实现某些效果时也会经常用到。hitTest( )是用来检测某一个具体的坐标值是否在一个物体身上,或者检测两个物体是否有重合的地方。在本章中,是通过 hitTest( )检测某一个具体的坐标值是否在一个物体身上。

函数格式:

```
MC.hitTest(x,y,true/false)
```

参数:

MC:被检测的影片剪辑。

x,y:用来检测的 x、y 坐标值。

true/false:检测形状。true:检测实际形状;false:检测包含影片剪辑的矩形框范围。

功能:用来判断一个具体的坐标值是否在一个物体身上,语句被执行后,会返回一个布尔值。如果指定的坐标值和物体碰触到(有重合的地方),则返回 true;如果没有碰触到(没有重合的地方),则返回 false。

所以,我们经常遇到的状况是,将碰撞检测函数和 if 判断语句联合使用。

举个例子:鼠标控制影片剪辑移动。鼠标(坐标_xmouse,_ymouse)在影片剪辑 ball_mc 上(与 ball_mc 重叠或交叉)时,ball_mc 向右移动 10 个像素。

在影片剪辑 ball_mc 上的脚本为:

```
onClipEvent (enterFrame) {
    if (this.hitTest(_root._xmouse, _root._ymouse, false))
    {
        //如果鼠标坐标与 ball_mc 交叉或重叠(鼠标在 ball_mc 上)
        this._x += 10; // ball_mc 横坐标增加 10 个像素;
    }
    if (this._x >= 500)
    {                                // ball_mc 横坐标大于或者等于 500 个像素时
        this._x = 0;                 //重新设置 ball_mc 横坐标为 0;
```

```
        }
    }
```

注意，把碰撞函数中的参数 false 改为 true，观测不同效果，加深对 mc 的形状与边框的理解。

15.2　案　例　实　战

1. 创建影片文档

新建一个影片文档，舞台尺寸设置为 640 像素×480 像素，舞台背景颜色为白色，帧频设置为 24 帧/秒。

2. 界面设计

• 背景层

将当前图层改名为"背景层"。在第 1 帧导入图片"girl.jpg"至舞台中心并将其转化为图形元件。分别在第 15 帧和第 30 帧插入关键帧。分别选中第 1 帧和第 30 帧对应舞台上的图形元件，将【属性】面板中的"色彩效果"的样式"亮度"设置为"−47％"。在第 1 帧和第 15 帧之间以及第 15 帧和第 30 帧之间创建传统补间动画。最后锁定"背景层"。

• 烛芯层

在"背景层"上方新建图层并命名为"烛芯"。在该图层创建一个影片剪辑并命名为"zuxin_mc"，在影片剪辑中用【铅笔工具】绘制一个与背景画面中蜡烛相匹配的烛芯。将影片剪辑"zuxin_mc"放置蜡烛的烛芯处。锁定"烛芯"层。

• 火苗层

在"烛芯"层上方新建图层并命名为"火苗"。在第 2 帧插入关键帧，并在该帧适当位置处绘制火苗图形，再依次在第 2、6、10、14、18、22、26、30 帧处插入关键帧后同时改变火苗的形状，最后在第 2、6、10、14、18、22、26、30 帧之间创建补间形状动画。锁定"火苗"层。

• 光晕层

在"火苗"层上方新建图层并命名为"光晕"。在第 2 帧插入关键帧，并在该帧适当位置处绘制蜡烛点燃后的光晕，再依次在第 15、30 帧处插入关键帧后同时改变光晕的形状，最后在第 2、15、30 帧之间创建补间形状动画。锁定"光晕"层。

• as 层

在"光晕"层上方新建图层并命名为"as"。在这个图层中将添加帧代码。

至此，时间轴如图 15-1 所示。

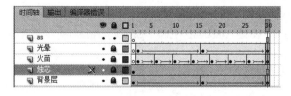

图 15-1　"点蜡烛"时间轴效果

3．编写代码

• "场景 1"中第 1 帧：

```
stop();                                    //没有点蜡烛之前画面停在第一帧处
```

• "场景 1"中第 30 帧：

```
gotoAndPlay(2);
```

• 在烛芯("zuxin_mc")上的脚本为：

```
onClipEvent (enterFrame) {
    if(this.hitTest(_root._xmouse,_root._ymouse)){
                        //当鼠标与烛芯("zuxin_mc")发生重叠时,主场景动画开始播放
        _root.play();
    }
}
```

4．保存与测试

保存后,按【Ctrl】+【Enter】组合键测试。

设计一个拼图游戏,主要是实现将打乱的图案拼合成一张完整的图形。主界面分为两部分:左上角部分是由 9 张不规则图形组成的长方形,主要是用来将打散的图片拼成与视图一样的一幅图;长方形周边是放着 9 张被打散的小图片。当周边的小图片拖入正确的位置方可放在左边的方格中并有声音提示,否则图片就会退回原处。如果 9 张图片都拼在正确的位置上,屏幕就会出现图片动画并提示"再来一次"的字样。

16.1   热 身 知 识

在本章的案例实战中我们仍将继续用到碰撞检测函数:hitTest( )函数。hitTest( )是用来检测某一个具体的坐标值是否在一个物体身上,或者检测两个物体是否有重合的地方。在第 15 章中用到了前一种的测试方法,在本章中我们将通过 hitTest( )检测两个物体是否有重合的地方。

函数格式:

```
MC1.hitTest(MC2)
```

参数:

MC1:被检测的影片剪辑。

MC2:用来检测的影片剪辑。

功能:用来判断两个物体是否有重合的地方。这个语句被执行后,会返回一个布尔值。如果两个物体碰触到(有重合的地方),则返回 true;如果没有碰触到(没有重合的地方),则返回 false。

举个例子:要把圆、正方形、长方形、梯形这 4 个图形拖到上面对应的文字上。4 个图形对应的影片剪辑分别是"shape1_mc""shape2_mc""shape3_mc"和"shape4_mc";4 个图对应的文字都是动态文本,名称分别是"text1""text2""text3"和"text4"。每个影片剪辑拖动的位置如果出错了能够自动回到原来的位置,当 4 个影片剪辑都能正确拖到对应位置上时,主时间轴从第 1 帧跳到第 2 帧,并给予文字说明。

显然,我们只要在一个影片剪辑上的脚本写对了,其他 3 个影片剪辑就可以很方便地写出来。

在主时间轴第 1 帧上的脚本为:

```
stop();
i = 0;                              //设置用于记数的变量
```

在圆(shape1_mc)上的脚本为:

```
on (press) {                        //鼠标按下时
    x = _x;                         //把本 mc 的坐标赋给本 shape1_mc 下的变量 x 和 y
    y = _y;
    startDrag(this, true);          //拖动这个 shape1_mc
}
on (release) {                      //松开鼠标时
    stopDrag();                     //停止拖动这个 shape1_mc
    if (this.hitTest(_root.text1)){ //如果这个 shape1_mc 和动态文本 text1 重叠或相交;
        if (k != 1){                //这时如果这个 shape1_mc 上的变量 k 不为 1
            _root.i++;              //主时间轴上的变量 i 加 1;
            k = 1;                  //在这个 shape1_mc 上设置变量 k = 1(使一个 mc 拖动正确
                                    //  时,主时间轴上的记数变量 i 只加 1 次)
        }
        if (_root.i == 6){//如果主时间轴上的记数变量 i 等于 6 时(图形都正确拖动完毕)
            _root.nextFrame();      //主时间轴跳到下一帧停下;
        }
    }else{                          //如果这个 shape1_mc 和动态文本 text1 不重叠或相交
        _x = x;                     //把这个 shape1_mc 的坐标设置为前面得到的 shape1_mc 坐
                                    //  标的数值
        _y = y;
    }
}
```

我们可以检测这段代码的正确性,然后可以把这段代码复制在其他 3 个影片剪辑上,只需把其中的 text1 改为相应的 text2、text3、text4 即可。

16.2 案 例 实 战

1. 创建影片文档

新建一个影片文档,舞台尺寸设置为 700 像素×400 像素,舞台背景颜色为白色,帧频设置为 24 帧/秒。

2. 界面设计

本单元"拼图游戏"的参考界面如图 16-1 所示。

图 16-1 "拼图游戏"的参考界面

（1）执行【文件】|【导入】|【导入到舞台…】命令将"koala.psd"导入到舞台，出现如图16-2所示对话框后单击【确定】。

删除原时间轴的"图层1"，这时的时间轴如图16-3所示。

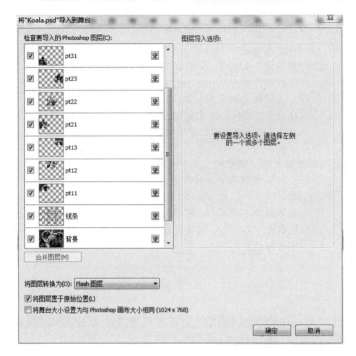

图16-2　导入psd图片　　　　　　　　　图16-3　导入psd图片后的时间轴

（2）按【Ctrl】+【A】组合键选中舞台上的所有对象，使用【任意变形工具】，按住【Shift】键将所有对象适当缩小至舞台左上角。

（3）锁定"背景"和"线条"图层，将"pt11"～"pt33"图层中相应的对象拖到舞台空白处，再分别转换为影片剪辑并依次命名为"pt11"～"pt33"。

（4）解锁"背景"图层，将该图层中的图片转换为图形元件并设置其Alpha参数为50%。

（5）创建一影片剪辑并命名为"目标位置"，用【椭圆工具】在影片剪辑中绘制一个小圆，颜色随意。这个影片剪辑主要是用来与9张被打散的小图片发生重叠的。

返回主场景，在"p33"图层上新建一个名为"目标位置"的图层，从【库】中将"目标位置"影片剪辑拖到"p11"图片最终应该放置的位置的中间，并将其Alpha设置为0%，实例名称命名为"t11_mc"。依次类推，分别创建实例名称为"t12_mc""t13_mc""t21_mc""t22_mc""t23_mc""t31_mc""t32_mc"和"t33_mc"并放置好相应的位置，Alpha设置为0%，如图16-4所示。

（6）锁定"背景"和"线条"图层，在"p33"层上新建一个名为"外框"的图层，在该图层中为背景中的图绘制一个外边框。

（7）在"外框"层上新建一个名为"ok"的图层，在其第2帧新建一个关键帧，在这个关键帧中放一影片剪辑，这个影片剪辑会出现图片动画并显示【再来一次】字样的按钮，在这个影片剪辑的最后一帧中添加"stop();"动作，在【再来一次】按钮上添加代码：

```
on (release) {
    _root.prevFrame();
}
```

（8）在"ok"层上新建一个名为"as"的图层,用于添加帧动作。

界面设计完后的时间轴如图 16-5 所示。

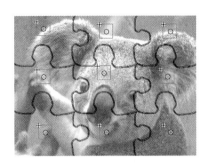

图 16-4　创建 9 个"目标位置"实例

图 16-5　"拼图游戏"时间轴

3. 编写代码

• "场景 1"中第 1 帧:

```
stop();
mysound = new Sound();
mysound.attachSound("music");        //该音效为某个小拼板拖入正确位置时将要发出的声音
ok11 = false;
ok12 = false;
ok13 = false;
ok21 = false;
ok22 = false;
ok23 = false;
ok31 = false;
ok32 = false;
ok33 = false;
//每个小拼板默认状态为"没有到位",若拖入到正确位置,则相应值赋值为 true
onEnterFrame = function ()
{
    if (ok11 && ok12 && ok13 && ok21 && ok22 && ok23 && ok31 && ok32 && ok33)
    {
    //所有的小拼板都被拖到正确位置上后,就播放主场景第 2 帧上影片剪辑的动画
        nextFrame();
    }
};
```

• 在影片剪辑"pt11"上的脚本为:

```
on (press) {
    if (!_root.ok11)
```

```
    {
        x = this._x;
        y = this._y;                    //记下移动之前的位置
        t = this.getDepth();            //记下移动之前的深度
        this.swapDepths(9999);          //将当前拖动的拼板置于舞台的最上层
        this.startDrag();
    //如果拼板的位置不到位就可以拖,否则如果已经拖到位了,拼板就不能再被拖了
    }


}
on (release) {
    this.stopDrag();
    if (this.hitTest(_root.t11_mc))     {
    //如果拼板与对应的目标位置影片剪辑重叠,则表示该拼板拖到正确位置上了
    _root.mysound.start();              //声音提示某一拼板成功拖到位了
        _root.ok11 = true;              //将拼板对应的拖放状态设置为 true
        this._x = 30.45;
        this._y = 9.35;                 //将拼板的位置调到最佳(与原图的位置吻合)
        this.swapDepths(t);             //将拼板的深度设置回最初状态
    }
    else
    {                                   //如果拼板与对应的目标位置影片剪辑没有发生重叠
        this._x = x;
        this._y = y;                    //拼板回到原来的位置
        this.swapDepths(t);             //将拼板的深度设置回最初状态
    }
```

检测这段代码的正确性,然后我们可以把这段代码复制在其他 8 个拼板影片剪辑上("pt12""pt13""pt21""pt22""pt23""pt31""pt32"和"pt33"),只需把其中的 ok11 改为相应的 ok ** ,再记录每个拼板的原图位置的坐标即可。

4. 保存与测试

保存后,按【Ctrl】+【Enter】组合键测试。

参 考 文 献

[1]　王智强.中文版 Flash CS6 标准教程[M].北京：中国电力出版社,2014.

[2]　高敏,李绍勇.Flash CS6 中文版入门与提高[M].北京：清华大学出版社,2013.

[3]　胡崧,李敏,张伟,等.Flash CS6 中文版从入门到精通[M].北京：中国青年出版社,2012.

[4]　九天科技.Flash CS6 动画制作从新手到高手[M].北京：中国铁道出版社,2013.

[5]　梁瑞仪,曾亦琦.Flash 多媒体课件制作教程[M].北京：清华大学出版社,2010.

[6]　兰顺碧.大学计算机基础[M].3 版.北京：人民邮电出版社,2012.

[7]　黎文锋.Flash CS6 全攻略[M].北京：电子工业出版社,2012.

[8]　黄晓瑜,田婧.Flash CS6 中文版基础培训教程[M].北京：人民邮电出版社,2015.

[9]　李新峰.全面提升 50 例 Flash 经典案例荟萃[M].北京：科学出版社,2009.

[10]　王志敏,刘鸿翔.Flash 动画制作[M].武汉：华中科技大学出版社,2004.

[11]　新视角文化行.Flash CS6 动画制作实战从入门到精通[M].北京：人民邮电出版社,2013.

[12]　九州书源.Flash CS6 动画制作[M].北京：清华大学出版社,2015.

图 书 资 源 支 持

感谢您一直以来对清华版图书的支持和爱护。为了配合本书的使用,本书提供配套的资源,有需求的读者请扫描下方的"书圈"微信公众号二维码,在图书专区下载,也可以拨打电话或发送电子邮件咨询。

如果您在使用本书的过程中遇到了什么问题,或者有相关图书出版计划,也请您发邮件告诉我们,以便我们更好地为您服务。

我们的联系方式:

地　　址：北京海淀区双清路学研大厦 A 座 707

邮　　编：100084

电　　话：010－62770175－4604

资源下载：http://www.tup.com.cn

电子邮件：weijj@tup.tsinghua.edu.cn

QQ：883604(请写明您的单位和姓名)

用微信扫一扫右边的二维码,即可关注清华大学出版社公众号"书圈"。

资源下载、样书申请

书 圈